아이의 인생을 바꾸는 **인성교육**

올바른 가정교육이 행복한 리더로 키운다

아이의 인생을 바꾸는 인성교육
올바른 가정교육이 행복한 리더로 키운다

인쇄 2015년 5월 15일 1판 1쇄 **발행** 2015년 5월 20일 1판 1쇄

지은이 조병묵 **펴낸이** 강찬석 **펴낸곳** 도서출판 나노미디어 **주소** (150-838) 서울시 영등포구 도신로51길 4 **전화** 02-703-7507 **팩스** 02-703-7508 **등록** 제8-257호
홈페이지 www.misewoom.com

정가 13,800원

이 도서의 국립중앙도서관 출판예정도서목록(CIP)은 서지정보유통지원시스템 홈페이지(http://seoji.nl.go.kr)와 국가자료공동목록시스템(http://www.nl.go.kr/kolisnet)에서 이용하실 수 있습니다.
CIP제어번호: CIP2015011954

ISBN 978-89-89292-47-0 03590

올바른 가정교육이 **행복한 리더**로 키운다

아 이 의
인 생 을
바 꾸 는
인성교육

조 병 묵 지음

Nano Media 나노미디어

솟대는 한국문화를 대표하는 문화상징물(2004)로 소원을 기원합니다.
그래서 마음을 따뜻하게 해줍니다.
이 책의 인성과 솟대의 따뜻한 마음이 어우러져 헝클어진 현대인의
마음을 바르고 멋지게 해주는 데 도움이 되기를 기원합니다.

책 머리에

세월호 참사의 교훈

2014년 4월 16일, 세월호 참사.

이 엄청난 사고는 세상을 벌컥 뒤집어 놓은 참으로 어이없는 사고였습니다. 304명의 희생자를 낸 세월호 침몰 관련 입건이 399명, 구속이 154명인 것을 보면 얼마나 비참한 사고였는지를 짐작할 수 있습니다.

세월호의 책임자나 선원들의 초기 부실 대응을 비롯해 자기의 역할을 제대로 수행한 사람은 거의 없었고 자기밖에 모르는 선원들의 이기적 행동, 구원파들의 정의롭지 못한 행동, 국민들의 지탄 속에서도 지루하게 벌어지는 여당과 야당 싸움, 가족 대표들의 부적절한 행동은 참으로 무서운 변고였습니다.

돌이켜 보면, 1994년 10월 21일 성수대교 붕괴 사고로 32명이 사망한 지 20년이 지났어도 변함없이 이런 끔찍한 사고라니 참으로 어이가 없습니다.

왜 이런 사고가 계속되는 것일까요?

총체적으로 문제가 있겠지만 근본적인 문제는 자기밖에 모르는 이기적 생각과 행동에서 비롯된 것입니다. 정직하지 못하고 정의롭지 못하며 책임감이 없는 게 문제입니다.

공부만 잘해서 성공·출세만 하면 된다는 부모의 의식구조가 무(無)교육, 비(非)교육, 반(反)교육의 사회를 만든 게 아닐까요?

1990년대부터 사회정화운동이 범국민적으로 이루어지기 시작하였고, 초·중·고교에서도 기본 생활습관 지도가 시작되어 10여 년 실시되다가 슬그머니 없어지고 말았습니다. 이 교육이 계속되었어도 대형 참사가 일어났을까요?

'소 잃고 외양간 고친다'는 식이 되었지만 정부에서도 인성교육의 필요성을 인식하게 되었습니다. 2014년 말에 '인성교육진흥법안'이 국회에서 통과되었고, '한국인성교육진흥원'을 설립한다고 하니 늦었지만 다행입니다. 보다 나은 인성교육이 실시되기를 바랍니다.

기본 생활과 위대한 인물

벤저민 프랭클린((Benjamin Franklin, 1706~1790)은 미국인들이 좋아하는 위대한 인물 가운데 한 사람으로 정치가이자 출판업자, 과학자, 저술가, 발명가, 예술, 철학 등 다방면으로 탁월한 재능을 보였을 뿐만 아니라, 연을 이용한 실험으로 번개와 전기의 방전이 동일하다는 가설을 증명(피뢰침 발명), 코플리상을 수상했습니다.

그는 젊었을 때 성공을 위한 13가지 덕목을 터득했습니다. 그는 생활신조로 절제, 침묵, 규율, 결단. 검소, 근면, 성실, 정의, 중용, 청결, 침착, 순결, 겸손을 선택해 매일 13가지 항목을 실천했는지 여부를 체크했다고 합니다. 그는 이 13가지 덕목을 생활화하기 위해 성공 기록부를 만들어 실천한 덕목마다 하나씩 표시를 해 채워나갔습니다. 이런 노력이 있었기 때문에 그는 성공한 것입니다.

다시 말해, 프랭클린이 성공할 수 있었던 것도 바로 생활신조로 좋은 생활습관을 가지고 있었기 때문입니다.

"내가 행복한 삶을 살 수 있었던 것은 바로 이 생활신조 때문이었다. 내 후손에게도 반드시 지키게 하고 싶다."

그가 자서전에 남긴 글귀만 보아도 생활신조의 효과를 높이 평가했다는 것을 알 수 있습니다.

또한, 미국의 3대 대통령인 토머스 제퍼슨(Thomas Jefferson, 1743~1826)도 미국의 국가제도 건설에 핵심적 역할을 했을 뿐만 아니라, 문학가로서도 성공한 대통령이었습니다. 제퍼슨이 후세에 남긴 '생활 10계명'은 그의 부모에게서 물려받은 소중한 유산으로 우리의 성공을 위한 지침으로 훌륭하다고 생각합니다.

가정과 부모의 역할

학자들의 연구에 의하면 17세의 지능을 100으로 했을 때 그 중의 50%는 0~4세에 발달하고, 4~8세에 30%, 그리고 나머지 20%는 8~17세에 발달한다고 합니다.

그리고 결정시기 이론에 의하면 매사에 때가 있다고 합니다. 인간의 어떤 특성이 가장 왕성하게 발달하는 시기가 있다는 것입니다. 따라서 인성교육은 어린 시절(대략 8세까지)에 이루어지는 게 효과적이고 부모에

의해 가정에서 해야 한다는 것입니다. 그리고 14~16세는 습관을 고칠 수 있는 시기라고 학자들은 말합니다.

우리 속담에 '세 살 버릇 여든까지 간다'라는 말이 있는데, 가정에서 이루어지는 부모의 인성교육이 자녀를 바람직한 사람으로 성장하게 한다는 의미입니다.

가치관의 일차적인 형성이 부모를 모델로 해서 이루어진다는 것을 명심해야 할 것입니다.

부모의 모범행동

평소 부모의 모범적인 생활만큼 좋은 스승은 없다고 전문가들은 한결같이 말합니다. 이것이 바로 부모의 모델링으로 부모가 도덕적인 행동의 모델이 되는 것을 의미합니다.

부모의 모든 행동은 자녀들이 은연 중에 배우고 있다는 것을 명심해야 합니다(잠재적 교육). 따라서 부모는 바람직한 모델이 되기 위해서 노력해야 하고 항상 행동을 조심해야 합니다. 부모는 교육적으로 검토된 행동을 계획적으로 보여주는 것이 필요하다고 전문가들은 말합니다.

그런데 국회에서 이루어지고 있는 국무총리·장관 지명 인사청문회를 시청하면서 우리 모두는 가슴이 아팠습니다. 한 나라의 지도자가 될 사람들이 떳떳하지 못하고 비리에 자유로운 사람이 한 사람도 없었기 때문입니다.

이런 것들이 남의 일이라고만 생각하지 말고 나는 어떤가 생각해 보는 것이 어떨까요?

내 자녀가 바른 인성을 가지고 바람직하게 성장하기 위해서 부모는 당연히 바람직한 모델이 되어야 합니다. 그 모델 역할을 수행하기 위해서는 부모의 행동이 모범이 되어야 함은 당연한 것이지요.(모델이 되기 위해서라기보다는 스스로 되어야 하는 것입니다)

부모의 모범행동은 바로 자녀들의 모범행동으로 이어진다는 것을 명심해야 하겠습니다.(모범행동뿐만 아니라, 나쁜 행동도 배우게 됩니다)

그리고 "사람은 만들어지는 것이다."라는 전제로 인간답게 살기 위해서 부모가 자녀에게 해야 할 것 중에 반드시 필요한 것은 기본생활 15대 덕목을 체계적으로 학습해야 한다는 것입니다.

이 책은 부모님들이 자녀들을 교육하는 데 도움을 드리기 위해 펴낸 것으로 조금이라도 보탬이 되기를 기원합니다.

끝으로 귀한 시간을 내어 디자인을 해주신 한국교통대학교의 장효민 교수님께 깊은 감사를 드립니다.

2015. 4.

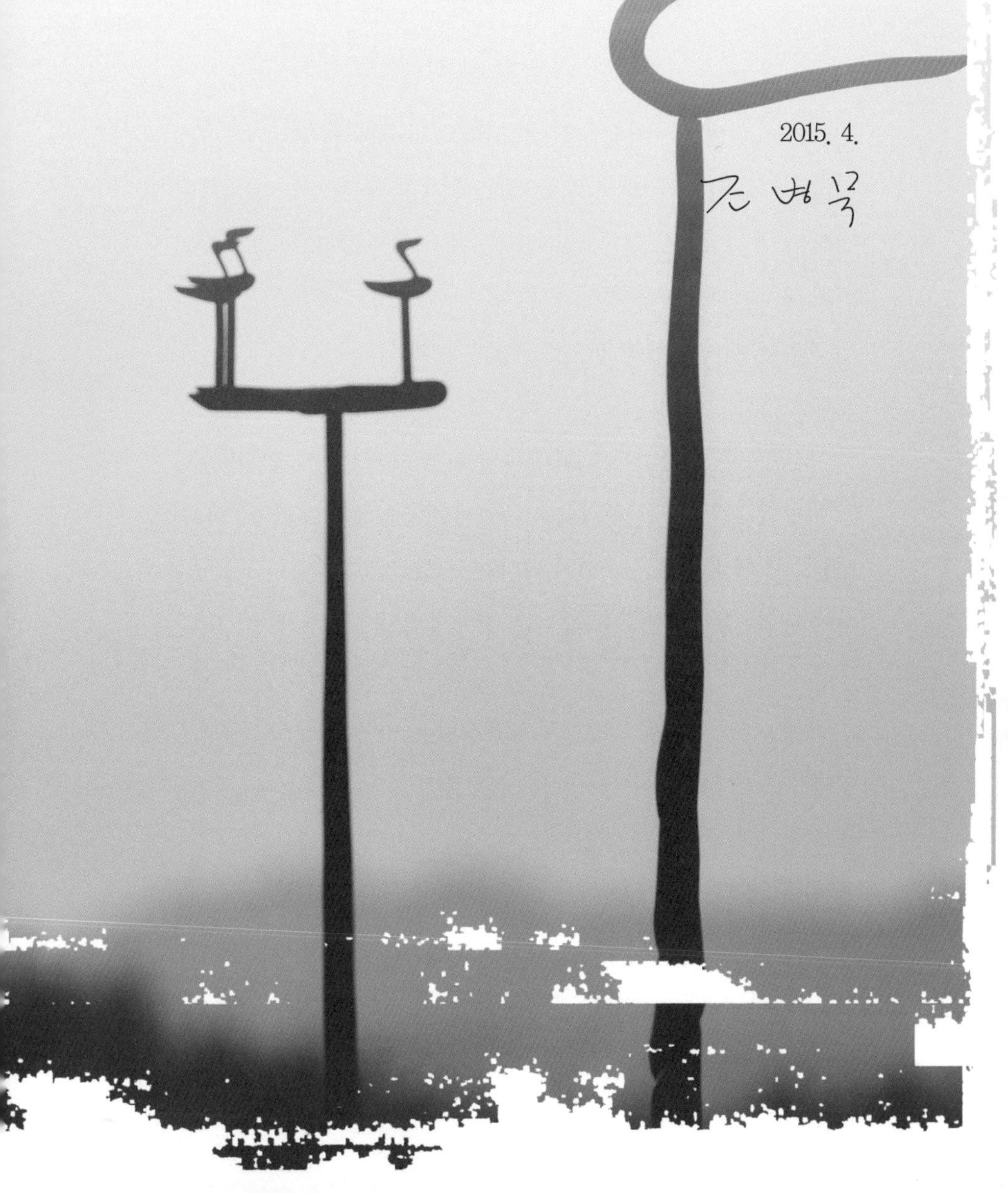

추 천 사

조병묵 선생님의 저서 『아이의 인생을 바꾸는 인성교육』은 사람이 사람답게 살기 위해 반드시 요구되는 기본생활을 위한 15대 덕목을 실천하는 데 나침반과 같은 의미 있는 저서라고 할 수 있습니다. 20여 년 전에 대학원에서 맺은 저와의 인연은 그 후로도 계속 이어져 인성교육의 지침을 제시하는 이 책으로 결실을 보게 되었습니다.

이러한 기본생활 15대 덕목이야 말로 부모라면 자식에게 반드시 가르쳐야 할 지침이라는 생각을 떠올리게 하였습니다. 또한 이러한 기본생활습관 15대 덕목은 우연이 아니라 조 선생님의 다양한 교육경험과 삶에 대한 깊은 성찰을 통해 나온 것이 틀림없다는 생각이 듭니다.

20여 년 전 대학원 과정에서 교육상담을 연구할 때에도 원생 중에 연세가 드신 분으로 가장 열심히 공부했던 기억이 있습니다. 그 당시, 조 선생님의 저서 『성공적인 진로선택』의 출판기념회에서 저는 축사를 한 적이 있었습니다. 그때에도 느낀 것이지만 자녀교육에 관한 식견은 물론, 교육자로서의 열정이 남다른 분이었다는 기억이 새롭습니다.

그런 식견과 인성교육에 대한 남다른 열정이 2남 1녀의 자식을 경영학 교수로, 국제변호사로, 법원의 재판연구원(로클럭 제도)으로 키우신 원동력이 되었을 것입니다.

조 선생님의 교육철학과 열정은 자녀를 훌륭하게 기르는 데 그치지 않고 그런 경험을 바탕으로 한 저술활동으로도 이어졌습니다. 즉, 다음 세대의 손자를 더 훌륭한 사람으로 만들기 위해 『아이의 인생을 바꾸는 인성교육』을 쓰신 그 열정과 노력에 교육에 종사하는 한 사람의 교육자로서 저도 깊은 감명을 받았습니다.

이 책을 읽으면서 벤저민 프랭클린이 떠올랐습니다.

미국의 정치가이자 외교가였으며 발명가이기도 했던 프랭클린은 자신의 인격을 도야하기 위한 방편으로 인격 수련을 위한 13가지 덕목(절제, 침묵, 질서, 결단, 절약, 근면, 진실, 정의, 중용, 청결, 평정심, 금욕, 겸손)을 매일 실천하고 성찰한 결과 미국의 국부로 존경받는 인물이 되었습니다.

프랭클린이 고백했듯이 자신을 교정하는 것이 무척이나 힘들었고 꿈꾸었던 인격 완성의 단계에까지 도달하지는 못했지만, 그런 과정이 참으로 행복했으며 만약 어렵다고 시도조차 하지 않았다면 이렇게 행복하지는 못했을 것이라고 술회했던 것을 본 기억이 있습니다.

프랭클린의 인격 수련을 위한 13대 덕목의 성찰, 미국의 대통령 가문에서 받은 가정교육이 대통령을 탄생시켰듯이 부모님들의 자녀에 대한 가정교육과 인성교육은 앞으로 점점 더 중요하게 될 것입니다. 바람직한 가정교육과 인성교육에 대한 성찰은 아무리 강조해도 부족하다는 생각입니다.

2014년에 통과된 인성교육진흥법에서 말하는 인성교육의 핵심인 예, 효, 정직, 책임, 존중, 배려, 소통, 협동을 통해서 건전하고 올바른 인성을 갖춘 시민을 육성하여 국가사회 발전에 이바지한다는 취지에 조 선생님의 『아이의 인생을 바꾸는 인성교육』이 공감되는 바가 매우 큽니다.

이런 의미에서 조병묵 선생님의 저서인 『아이의 인생을 바꾸는 인성교육』을 부모님들의 가정교육에 적극적으로 활용해 보셨으면 합니다. 가정교육과 인성교육에 관한 책이야 헤아릴 수 없을 정도로 시중에 많이 나와 있지만, 조 선생님의 책은 자녀들이 스스로 생각하고 탐구하며 실천할 수 있는 구체적인 체제로 편성되어 실질적인 도움이 된다는 측면에서 여타 책들과 구별될 수 있다는 생각이 듭니다.

아무쪼록 앞으로도 건강하게 오래도록 저술활동을 계속하시어 가정교육과 아동교육에 더욱 기여하실 수 있기를 바라며 아울러 댁내 두루 평안하시기를 기원합니다.

2015. 3. 21.

청주대학교 교직과 교수

방 선 욱

차 례

첫번째 이야기, 떳떳한 사람

Contents

두번째 이야기, 평생 배우고 행동하는 진취적인 사람

세번째 이야기, 더불어 함께 하는 사람

Contents

부 록

일러두기

이 책이 왜 필요한가?

인성교육을 한다는 가정을 들어 본 적이 있습니까?

부모들의 양육방식에서 가장 중요시하는 게 무엇입니까?

두 말 할 것 없이 공부 잘하도록 뒷받침해 주는 것이 가장 중요하고, 인성교육을 하는 가정은 들어보지 못했다는 것이 현실이지요.

일상생활에서 빼놓을 수 없는 게 젓가락을 사용하는 것인데, 그 사용법을 가르치는 부모가 얼마나 될까요?

일주일 정도 끼니 때마다 잠깐씩 가르치면 충분히 잘 사용할 수 있는 것인데, 무교육, 비교육, 반교육이 현실이지요.

요즘 부모들의 최우선 관심사는 공부를 잘하도록 뒷받침해서 키운 자식들을 부모가 원하는 대로 출세·성공시키는 것에만 모아져 있습니다. 뜻대로만 되면 만족할 줄 알았습니다만, 의외로 자식들의 비례(非禮, 예의에 어긋남)로 고민하는 부모를 흔히 볼 수 있는 것 또한 현실입니다.

그렇다면 어떻게 하면 좋을까요?

훌륭한 부모라면 마땅히 자식의 공부와 인성을 함께 가르치는 것이지요.

인성교육은 쉽지는 않지만 어려운 것도 아닙니다. 사람이 살아가는데 반드시 배워야 할 핵심인 인간의 기본 생활만 가르친다면 그리 어렵지 않고 쉽게 남들이 존경할 만한 품성(인격)을 갖춘 사람으로 성장시킬 수 있습니다.(국회의 인사청문회를 보면서 '저건 아닌데'라고 모든 사람이 느꼈지요)

사람이 살면서 반드시 해야 할 것이 공부, 운동, 저축이라고 써 있는 것을 모 은행에서 보았습니다. 기본 생활습관의 학습도 부모나 자식이 재미보다는 반드시 필요하다는 전제로 익히면 바람직할 것입니다.

시론(試論)의 배경

기본 생활 덕목

"어떻게 사는 것이 바람직한 삶일까?"(로버트 노직, 『무엇이 가치 있는 삶인가』, 김영사, 2014)라는 주제로 많은 생각 끝에 이규호의 '우리 교육이 지향할 인간상'을 선택했습니다.

이 인간상이란 사람답게 살기 위해서 반드시 필요한 것으로, 첫번째 이야기인 주체성 있는 사람, 두번째 이야기인 평생교육의 능력과 의

욕이 있는 사람, 세번째 이야기인 공동체 의식이 있는 사람으로 구성된 것입니다.

정의적 특성의 내면화 과정

정의적 특성은 지적 특성과는 달리 인지적 수준에서 학습되는 것이 아니라, 내면화의 과정을 통해서 학습되는 것이기 때문에 블룸(B. S. Bloom)의 모형(교육목표를 인지적·정의적·심동적 영역으로 나눔)을 통해서 기본 생활 15대 덕목을 내면화 과정으로 활용하였습니다.

다시 말해, 이론적 배경으로 이규호의 '우리 교육이 지향할 인간상'에서 인간의 기본 생활을 찾았고, 정원식의 '인간의 가치관'에서 기본 생활 15덕목의 생활화를 이루려고 하였다는 점을 말씀드립니다.

이야기 하나

떳떳한 사람

인간에게는 이름이 셋 있다.
태어났을 때 부모가 지어준 이름,
우정에서 우러나 친구들이 부르는 이름,
생애가 끝났을 때 얻게 되는 명성이다.

– 탈무드 –

1

정직(正直)한 사람

정직이란 무엇인가?

"아버지, 그게 정말입니까? 이번에는 진짜지요?"

아버지와 아들과의 대화 내용입니다. 평상시에 아버지를 얼마나 믿지 못하면 이런 말을 할까요?

정직함이란 거짓이나 꾸밈 없이 마음이 바르고 곧으며 사실대로 말하는 태도입니다. 정직하게 사는 사람은 거짓말을 하지 않고 양심에 따라 행동하고 바르고 곧게 성실한 삶을 살아갑니다.

정직은 약속한 것을 틀림없이 행하는 것입니다. 그래서 정직한 사람은 언행일치, 즉 말한 대로 행동하는 사람입니다. 말한 대로 행동하기 때문에 정직한 사람은 신뢰할 수 있습니다.

서로를 믿지 못하는 불신사회는 불필요한 신경을 쓰게 되고 지나친 스트레스를 감수하면서 살아야 합니다. 서로 속고 속이면서 생기는 끝없는 스트레스, 불편, 불신, 낭비 속에 어려움을 겪게 될 것입니다. 결국 정직하지 못한 사람 자신도 함께 말입니다.

세월호 참사에서 우리는 보았습니다. 자기밖에 모르는 선원들의 이기적 행동, 그 이기적 행동으로 빚어낸 300여 명의 희생, 구원파들의 정의롭지 못한 행동, 국민들의 지탄 속에 지루하게 벌어지는 여당과 야당의 싸움 등, 책임·정직·정의는 어디에서도 찾아볼 수 없는 참으로 무서운 재앙이었습니다.

그 뿐입니까? 삼풍백화점 사고, 성수대교 사고, 와우아파트 사고 등이 엄청난 사고들이 정직하지 못해서 일어날 수밖에 없었던 사고들입니다. 정직하지 못한 폐해가 얼마나 큰 변고를 일으키는지 우리는 알고 있습니다.

정직은 인간이 갖추어야 할 가장 기본적인 덕목입니다. 무엇보다 가장 귀중한 신뢰를 얻을 수 있는 게 바로 정직입니다.

"소 잃고 외양간 고친다"는 격이 되었지만 이제라도 우리는 정직한 사람, 정직한 사회, 신뢰로운 사회를 위해 최선을 다해야 하겠습니다.

천국과 지옥 사이

중학교 동창 중에 개인택시를 하고 있는 한 친구의 이야기입니다. 하루 종일 천국과 지옥을 열두 번도 더 왔다갔다한 하루였다고 합니다.

어느날 허름한 옷을 입은 50대로 보이는 아저씨 한 분이 택시를 탔습니다. 그 승객은 그만 봉투 하나를 택시에 두고 내려 버렸습니다. 그 봉투 속에는 많은 현금이 들어 있었습니다. 현금을 본 그 친구는 가슴이 뛰어 더 이상 운전대를 잡을 수가 없습니다.

영업을 접고 집에 돌아와 아내에게는 몸이 좋지 않아 그냥 들어왔다고 말하고는 방에 들어가 고민에 잠겼습니다. 그 현금을 물끄러미 쳐다보자 넉넉지 못한 가정형편, 100원도 아껴 쓰는 아내, 아이들이 하고 싶은 것을 못해주는 가장인 자신, 가난하여 고등학교에 진학하지 못해 고민하던 자신이 떠올라 머리가 복잡

해졌습니다.

문득 욕심과 양심이 서로 싸우며 천국과 지옥을 넘나들고 있는 자신을 발견하고 한심하다는 생각이 머리를 스쳤습니다.

'내가 아무리 어려워도 정직하고 양심 있게 살아왔다고 자랑하며 살았는데 막상 눈 앞에 현금이 보이니 미쳤구만….'

그는 욕심과 양심이 싸우고 있는 마음을 다잡고 작심한 듯 집을 나섰습니다. 현금을 가지고 파출소로 가서 신고를 하고 나서야 마음의 평정을 되찾을 수 있었습니다. 돈보다 양심을 선택한 자신에게 '참 잘했다'며 흘가분해 했습니다.

경찰의 연락을 받고 잃어버렸던 돈을 찾은 승객이 기뻐하는 모습을 보면서 '저 아저씨는 얼마나 마음 고생을 했을까'라는 생각이 들었습니다. 그 승객이 사례금을 쥐어주며 어찌나 고마워하던지 천국과 지옥을 헤맸던 자신이 부끄러워졌습니다. 한편으로 '내 평생 제일 잘한 일이 바로 현금을 주인에게 돌려준 일이다'라는 것을 자식에게 말해 줄 것을 생각하니 뿌듯해졌습니다.

돈다발을 주인에게 돌려준 그 친구의 선행을 칭찬하고 싶습니다. 누군가에게 이와 같은 일이 생긴다면 주인에게 돌려줄 사람이 얼마나 될까요?

정직한 사람 되기

인성교육의 목표 가운데 중요한 것 중 하나는 정직한 사람을 만드는 것입니다. 그런데 부모가 자녀에게 정직을 가르친다는 것은 쉽지 않은 일입니다. 정직한 사람이 되기 위해서는 부모의 평소 정직한 생활만큼 좋은 스승은 없습니다.

무엇이 도덕적으로 옳고 그른가에 대하여 분명한 입장을 밝혀주고 항상 일관된 행동을 이어가야 합니다. 정직하지 못하고 거짓이 있을 때에는 언제나 도덕적으로 잘못된 점을 말해 주어야 합니다.

부모는 가정에서 도덕성을 길러줄 뿐만 아니라, 사회의 그릇된 풍조 속에서도 이를 이겨낼 수 있는 힘을 길러주어야 합니다.

탐구하기

손해를 보더라도 정직하라

세계 탁구 선수권 대회에서 중국 선수와 독일 선수가 결승전에서 싸우게 되었습니다.

마지막 세트. 13대 12로 한 점만 이기면 독일 선수가 우승하게 됩니다. 중국 선수의 힘찬 스매시에 모든 시선이 집중되었습니다. 공이 테이블을 벗어나는 순간, 독일 응원단의 함성이 터졌습니다. 하지만 이때 독일 선수가 뜻밖의 말을 했습니다.

"아닙니다. 공이 테이블을 스치고 지나갔습니다."

자신의 득점이 아니라는 것입니다.

심판도 중국 선수도 공이 벗어난 것으로 봤지만 자기는 분명히 스치는 것을 봤기 때문에 양심적으로 말한 것이었습니다. 경기는 계속되었고 마침내 중국 선수가 이기고 말았습니다.

그러나 모든 응원단은 챔피언인 중국 선수에게보다 우승을 하지 못한 독일 선수에게 더 열렬한 박수를 보냈습니다. 거짓 챔피언의 영광보다 양심을 선택한 독일 선수에게 말입니다.

“손해를 보더라도 정직하게 말하라. 그러면 신뢰를 주어 큰 이익이 돌아올 것이다.”라는 말이 사실로 나타난 순간입니다.

교통사고가 일어나면 목소리부터 높이며 벌어지는 난장판을 보십시오. 자기의 잘못을 먼저 인정하는 사람이 있을까요?

이때에 양심선언의 광경이 벌어지면 얼마나 멋질까요?

상상만 해도 기분이 좋아지네요.

양심을 속이지 않고 떳떳하게 사는 세상이라….

참 살기 좋겠지요.

실천하기·마음의 양식

○ 주위에서 정직하게 모범적으로 사는 사람을 가정에 초대해서 '정직'에 관한 이야기를 듣고 가족끼리 토론해 보는 것도 좋은 방법입니다.

○ 생활 속에서 경험한 정직과 부정직에 관한 실례를 토론해 봅니다.

○ 약속은 지킬 수 있는 약속만을 선택하는 능력을 길러줍니다. 지키지 못할 약속은 해서는 안 됩니다.

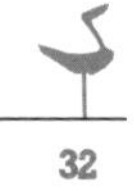

○ 규칙을 정하고 잘 지키도록 하는 것이 정직성(도덕성)을 함양하는 좋은 방법입니다.

○ 정직은 언제나 어디서나 혼자 있을 때나 여럿이 있을 때나 한결같이 지켜야 합니다.

○ 칭찬은 과정을 살펴 잘한 것을 칭찬하고 잘못된 것은 단호하게 지도합니다. 잘못된 것을 용인하다 보면 그러한 것이 반복되어 점차 도덕성이 낮아집니다.

○ "들키지 않았니?"라는 어머니의 잘못된 모정이 아들을 평생 교도소에서 지내게도 합니다.

○ 거짓이여, 너는 내 나라를 죽인 원수로구나. 죽어도 다시는 거짓말을 아니 하리라.(도산 안창호)

○ 너희는 도둑질하지 말며 속이지 말며 서로 거짓말하지 말며 너희는 내 이름으로 거짓 맹세함으로 네 하나님의 이름을 욕되게 하지 말라.(레위기 19:11~12)

70

2

정의(正義)로운 사람

정의란 무엇인가?

정의는 사람으로서 지켜야 할 바른 도리로 공정하고 바른 것을 의미합니다. 정의는 모든 사람이 공정한 자신의 몫을 향유하는 것입니다. 잘 한 사람은 그에 적합한 보상을 받고 잘못한 사람은 적절한 벌을 받는 것이 정의와 공정함입니다.

'정의사회 구현'이라는 표어를 경찰서에서 볼 수 있습니다. 바로 정의로운 사회를 목표로 하고 있다는 것이지요. 정글의 법칙이 아니라 강자와 약자, 모든 사람의 권리가 보장되는 사회가 정의롭고 공정한 사회라 할 수 있습니다. 다시 말해, 공정한 경기의 규칙이 지켜지는 사회가 정의로운 사회입니다.

정의로운 사회가 구현되기 위해 가장 필요한 것이 준법정신입니다. 불리하고 싫더라도, 누가 보지 않을 때에도 법을 지키는 준법정신이 기본입니다.

그런데 준법정신이 길러지는 가장 중요한 곳이 바로 가정입니다. 가족 성원 간의 합의와 가족 규칙을 지키는 가운데 준법정신의 기본이 형성됩니다.

이와 같이 가정교육의 중요성은 아무리 강조해도 부족합니다. 인성교육의 대부분이 가정에서 이루어지기 때문입니다.

생각 열기

아베롱의 야생아

다음에는 교육이 필요한 이유를 살펴보겠습니다.(정의에 관한 것보다 전체적으로 필요한 것임)

1799년 프랑스 남부에 있는 아베롱(Averyron)의 숲속에서 한 소년(열한두 살로 보이는)을 발견했는데, 짐승이나 다름없었다고 합니다. 발견된 이 소년은 벙어리였고, 귀머거리며, 지능도 매우 낮은 공포심에 가득 찬 야만인이었다고 합니다.

프랑스 국립농아원은 이 야생아를 위해 5년간의 교육목표를 세웠습니다. 그것은 안정성 확립, 언어표현력, 강한 자극을 통한 감각훈련, 그리고 간단한 심신적 작업을 할 수 있게 만드는 것이었다고 합니다.

5년간의 교육을 통해 이 '아베롱의 야생아'는 짐승에서 겨우 사람다운 생활을 할 수 있게 되었다고 프랑스 국립농아원은 발표하였습니다.

'아베롱의 야생아'에서 보듯이 인간은 교육을 통해서 비로소 인간다운 생활을 할 수 있다는 것을 알았습니다. '아베롱의 야생아'야 말로 교육의 필요성을 증명한 좋은 사례가 되었습니다.

이와 비슷한 사례가 1920년 인도 북부지방의 늑대굴에서 발견된 두 소녀, 1931년 남미 파라과이 산중에서 발견된 여자아이 등이 있습니다. 이들 역시 '아베롱의 야생아'와 비슷한 현상을 보였다고 합니다.

위의 사례들이야 말로 사람은 교육을 받지 않으면 인간답게 살 수 없다는 것을 증명하는 좋은 실례라 할 수 있습니다.

교육이야 말로 우리의 자녀를 인간답게 살 수 있게 한다는 것을 명심해야 할 것입니다.

정의로운 사람 되기

신념에 따른 행동

간디와 테레사 수녀는 버림받고 사랑에 굶주린 사람들, 사회적으로 소외된 약자를 위해 평생을 헌신한 성자들입니다.

이 두 성자는 많은 이들의 삶에 영향을 주었고 또 삶을 변화시켰습니다. 그들은 인류의 아버지요, 어머니입니다.

그들에게는 사명감과 신념으로 행동한다는 공통점이 있었습니다.

간디는 '폭력은 또 다른 폭력을 불러일으킨다'라는 철학과 신념으로 폭력을 반대하였습니다. 테레사는 소외받는 사람들을 돕는 것을 신의 뜻이라는 신념으로 한결같이 봉사를 하였습니다.

이러한 신념은 테레사 수녀가 노벨평화상을 수상할 때를 생각하면 잘 알 수 있습니다.

1979년 12월 10일 마더 테레사는 노르웨이 오슬로 대학에서 개최되는 노벨평화상 시상식에 참석하여 노벨평화상 금메달과 상장 그리고 상금 19만 2,000달러를 받았습니다. 수상식이 끝난 후 보도진에 둘러싸인 마더 테레사는 부드러운 미소로 다음과 같은 소감을 발표하였습니다.

"나는 여러분이 생각하는 것처럼 노벨평화상을 수상할 자격이 없습니다. 다만 모두에게 버림받고, 사랑에 굶주리고, 죽음을 눈 앞에 둔 세계에서 가장 빈곤한 사람들을 대신하여 상을 받은 것입니다. 그러니 나에게는 수상 축하 만찬은 필요없습니다. 부디 그 비용을 가난한 사람들을 위해 써 주십시오. 나에게 필요한 것은 기도 드리는 장소뿐이기 때문입니다."

만찬을 열지 말고 그 비용을 소외받는 가난한 사람들을 위해 써 달라는 테레사 수녀의 말씀이 얼마나 감동적입니까.

신념에 따라 행동한다는 것은 끝없는 성찰로 자신이 하는 일이 옳은 것인지를 항상 반문하고 옳은 길을 찾으려는 노력이 반드시 필요합니다.

실천하기·마음의 양식

부모는 평소에 정의로운 행동에 모범을 보이는 것이 가장 중요합니다. 부모가 정의로워야 자녀도 정의롭게 자란다는 것을 명심해야 합니다.

그리고 가족 간에 생활규칙을 정해서 잘 지키면 보상하고 어기면 벌을 주어야 합니다. 처벌 위주가 아니라, 반성할 기회를 주고 정해진 규칙은 지킬 수 있도록 격려해야 합니다.

준법이 이루어지지 않으면 우리의 생활이 어떻게 될지, 정의롭게 살아야 되는 이유를 토론해 봅시다.

법을 지키는 것이 오히려 손해라는 생각이 잘못된 것이라고 확실히 인식해야 합니다. 우리 주위에 정의롭고 정직하게 사는 사람이 많아지면 그 사회 속에 사는 자신도 쓸데없는 스트레스나 불신, 불편, 낭비에서 자유로워진다는 확신을 가져야 합니다.

○ 진리는 반드시 따르는 자가 있고, 정의는 반드시 이루는 날이 있다.(도산 안창호)

○ 차별받지 않고 공정한 사회, 정의로운 사회가 바로 선진국입니다.

○ 너는 거짓된 풍설을 퍼뜨리지 말며 악인과 연합하여 위증하는 증인이 되지 말며 다수를 따라 악을 행하지 말며 송사에 다수를 따라 부당한 증언을 하지 말며 가난한 자의 송사라고 해서 편벽되이 두둔하지 말지니라.(출애굽기 23:1~3)

좋은 책을 읽는다는 것은
과거의 가장 뛰어났던 사람과
대화를 하는 것과 같다.

– 데카르트 –

3

책임(責任) 있는 사람

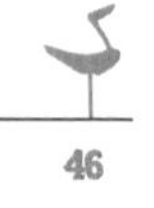

책임이란 무엇인가?

"그 사람은 책임감이 강하지. 믿을 만 하고 말고."라는 말을 듣는 박 모 씨는 틀림없이 인간관계에서 성공한 사람입니다.

박 모 씨와 같이 책임감이 강한 사람은 다른 사람들이 믿고 의존할 수 있는 사람입니다. 왜 그럴 수 있다는 것일까요? 박 모 씨는 약속이나 주어진 일을 반드시 실천하는 사람이기 때문입니다.

'잘한 것은 내 탓, 잘못된 것은 조상 탓'이라는 말이 있습니다. 이 말은 변명이나 핑계로 책임을 회피한다는 의미입니다. 무책임한 사람은 약속을 미루거나 기피하는 사람으로, 인간관계에서 실패하기 쉽습니다.

어느 논문에서 축구 경기의 반칙에 관한 발표를 보고 놀란 적이 있습니다.

축구 경기에서 분명히 반칙의 수가 두 팀 모두 10개씩 있었다고 합니다. 그런데 응원팀에게 물었더니 자기 팀의 반칙 수는 7개, 상대팀의 반칙 수는 12개라고 대답한 것입니다. 어느 학자의 이 논문을 보면서 사람에게는 자신도 모르게 자신을 두둔하고 보호하려는 마음이 있다는 것을 알았습니다.

자기 팀을 두둔하거나 책임을 회피하려는 자신의 보호본능을 인정하면서도 우리는 사실대로 객관적으로 볼 수 있도록 노력해야 합니다. 요즘 정치하는 사람들의 책임 전가, 책임 회피, 이중 잣대 등을 보면서 화가 날 때가 참으로 많습니다.

"어찌 저렇게밖에 못할까?"

책임감의 근본은 자신감과 자존감에서 나옵니다. 사람은 누구나 자신에 대한 믿음을 갖고 있으며 자신의 행동에 대해 책임을 질 수 있는 특성이 있습니다.

자율과 도덕적 책임

(노영준 외 7인, 『중학교 도덕 2』, 두산동아, 2014)

책임질 줄 아는 사람

미국 남북 전쟁을 승리로 이끈 링컨은 가난한 어린 시절을 보냈다. 그의 집은 가난하여 책을 무척 좋아했던 링컨에게 책을 사 줄 형편이 못 되었다. 그래서 그는 친구 집이나 옆집에서 책을 자주 빌려 와 읽었다. 링컨은 옆 마을에 사는 의사 보리스 씨의 집에서 일을 돕다가, 그의 서재에서 우연히 『워싱턴 전기』를 발견하고는 빌려달라고 부탁했다.

보리스 씨는 새 책인 데다 무척 아끼는 책이어서 잠시 망설였으나, 링컨에게 책을 깨끗하게 볼 것을 다짐받고 빌려주었다. 링컨은 집에 돌아와 새벽까지 책을 읽다가 잠이 들었다. 그런데 새벽에 천둥소리에 잠을 깨어 보니, 창문으로 새어 들어온 빗물에 책이 흠뻑 젖어 있었다. 뜻밖의 일에 어찌할 바를 몰라 하는 링컨에게 어머니가 말했다.

"얘야, 책이 다 젖어 버리고 말았구나. 하지만 보리스 씨에게 책을 잘 보고 가져다주겠다고 약속하지 않았니? 그럼 그에 대한 책임은 네가 져야 한단다. 날씨 탓하지 말고 네가 제대로 간수하지 못한 탓을 해야겠지? 내일 보리스 씨에게 가서 용서를 빌거라."

"그런데 보리스 씨가 물어내라고 하면 어떻게 해요?"

"그건 네가 스스로 생각해 보렴. 너도 이제 다 자랐으니 자기 행동에 책임을 질 줄 알아야 하지 않겠니?"

(쑤샨, 『십대에 익혀야 할 좋은 습관 33』, 기원전, 2009)

도덕적 자율성은 스스로 옳다고 생각하는 도덕원칙을 세우고 이에 따를 수 있는 능력입니다. 인간은 도덕원칙을 스스로 세울 수 있는 동시에 그 원칙을 따라야 하고, 그 결과에 대해서는 기꺼이 책임을 져야 합니다.

책임 있는 사람 되기

우리는 거짓말이나 속임수, 책임 회피 같은 것들을 일상생활에서 자주 보며 살고 있습니다. 특히 정치하는 사람들의 행위를 보며 그들을 미워하고 비웃으며 '저러면 안 되는데 왜 저러는가?'하고 생각하는 사람이 대부분일 것입니다.

왜 그럴까?

한 마디로 가정에서 이루어져야 할 인성교육이 언제부터인가 무교육, 비교육, 반교육의 경향으로 흘러 왔기 때문입니다.

책임감을 심는 데 부모의 모범보다 더 좋은 스승은 없습니다. 부모는 자신과 자녀를 위해서 모범을 보임으로써 자녀를 책임감 있는 성공한 삶을 살게 해야 합니다.

탐구하기

책음을 완수하는 자가 성공한다

미국의 초대 대통령 조지 워싱턴(George Washington, 1732~99)은 버지니아에서 태어났습니다. 11살 때에 아버지가 돌아가셨기 때문에 그가 가업을 이어받느라 정규교육을 받지 못했다고 합니다.

정규교육을 받지 못한 워싱턴에게 가장 큰 영향을 준 사람은 바로 어머니였습니다. 어머니는 그런 워싱턴에게 정규교육 못지 않은 훌륭한 가정교육을 했습니다. 어머니의 가정교육이 워싱턴을 대통령으로 탄생시키는 데 큰 역할을 하였던 것입니다.

워싱턴의 어머니는 전통적인 교육으로 문학작품이나 종교서, 도덕적인 훈계서 등을 읽어주면서 가훈인 '책임을 완수하는 자가 성공한다'라는 것을 늘 강조하였습니다.

어머니가 가장 좋아하는 책은 영국의 대법관 헤일의 『참회록』이었습니다. 이 책은 스스로를 경계하게 하는 교육적인 책으로, 수시로 책 내용을 마음에 새기고 또 새기게 하여 옳지 않은 길을 가지 않도록 마음을 다잡게 하였다고 합니다.

이 책은 워싱턴 가문의 수신을 위한 교과서로 어머니의 친필 이름이 적혀 있고 지금도 버넌 농장의 문서보관소에 소중히 보관되어 있다고 합니다.

『참회록』은 워싱턴에게 자제력을 키워주었고 성실, 정직, 공정성, 책임을 중요시하면서 자라나게 하였습니다. 그래서인지 어릴 때에도 또래 친구들과 어울릴 때는 대장과 법관의 역할을 하였습니다.

마침내 1789년(당시 57세) 워싱턴은 미국의 초대 대통령이 되었습니다. 어머니는 대통령이 된 자랑스런 아들에게 다음과 같이 말씀하였습니다.

"아들아, 맡은 바 책임을 다하는 대통령이 되어라. '책임을 완수하는 자가 성공한다'는 가훈을 잊지 말아라."

1789년 8월 25일 워싱턴이 대통령에 취임한 지 얼마되지 않아 그의 어머니는 세상을 떠났다고 합니다. 워싱턴의 어머니는 참으로 훌륭한 어머니였다는 이야기들을 돌아가신 이후에 많이 들을 수 있었다고 합니다.

모범을 보인 어머니의 사랑과 교육이 자녀를 훌륭한 인재로 키운다는 평범한 진리를 우리는 워싱턴의 어머니를 보아도 알 수 있습니다.

실천 하기·마음의 양식

○ 책임의 중요성을 토론하고 책임을 다하기 위해 얼마나 노력했는지 기회 있을 때마다 이야기를 합니다.

○ 잘못했을 경우나 책임을 다하지 못했을 때는 "내가 잘못했어요. 책임지지 못해 미안합니다."라며 솔직히 고백하는 성실함을 보여주고 실천해야 합니다.

○ 속임수, 거짓말, 책임 회피 같은 것들은 자신을 버리는 행위라는 것을 잊지 말아야 합니다.

○ 어려서부터 자신의 일은 자신이 스스로 결정하도록 유도하고 그 결정에 대하여 스스로 책임지도록 해야 합니다.

4

효경(孝敬)을 실천하는 사람

효경이란 무엇인가?

우리나라는 예로부터 조상들이 지키고 전해 내려오는 윤리 중에 부모에게 효도하고 어른을 공경하는 훌륭한 효경사상이 있습니다. 이 효경사상이야 말로 우리 전통윤리의 핵심으로 세계에서 주목받는 것입니다.

"효는 온갖 행실의 근원이 된다."라고 하여 전통적으로 효를 가장 으뜸되는 가치관으로 삼아 온 우리나라가 오늘날에는 왜 어처구니없는 이런 현실이 되었을까?

30년 기른 정을 배반하고 패륜을 저지른 이 모 씨.

집 앞에 버려진 아기를 입양해 키워준 70세 양어머니를 유산을 주지 않는다고 청부살해한 이 모 씨와 같은 끔찍한 사례를 우리는 가끔

볼 수 있는 게 현실입니다.

8·15 이후 서구의 문화가 쏟아져 들어오면서 전통적 가치관인 삼강 오륜이 밀려나게 되었고, 6·25 이후 절대 빈곤상태에서 의식주 해결과 입시 위주의 교육에 밀려 인성교육은 뒷전으로 자리를 잡게 되어 오늘과 같은 현상이 되었습니다.

생각 열기

정조의 효행

정조는 조선시대 22대 왕으로 백성들을 위해 바른 정치를 펼친 분입니다. 효성 또한 지극하여 뒤주 속에서 세상을 떠난 아버지 사도세자의 명예를 회복하기 위해 초라했던 아버지의 묘를 수원으로 옮기고 자주 찾아뵈었습니다.

수원에서 서울로 갈 때 지나게 되는 고갯마루에서 정조는 아버지의 묘소를 더 보고 싶은 마음에 자꾸만 아쉬워하며 "천천히 가자, 천천히 가자."고 했다 합니다. 이에 후세 사람들은 이 고개를 '더디게, 더디게 넘어가는 고개'라는 뜻으로 더딜 지(遲)자를 두 번 해서 '지지대 고개'라고 부르게 되었습니다.

정조가 능 행차 중 읊었던 다음의 시를 보면 효심이 얼마나 깊었는지 잘 알 수 있습니다.

아침이나 저녁이나
사모하는 마음 다하지 못해
오늘 또 화성에 왔구나.

부실 부실 비 내리니
배회하는 마음 둘 곳이 없어라.

만약에 여기서 사흘 밤만 잘 수 있다면
더 바랄 게 없겠네.

더디고 더딘 길
아바마마 생각하는 마음,
흘러가는 구름 속에 생기네.

효경을 실천하는 사람 되기

효를 실천함으로써 가정이 화목해지고, 화목한 가정에서 자라난 사람은 심성이 착하며 주위에서 칭찬을 받게 되고, 칭찬과 인정받는 사람은 훌륭하게 자라게 됩니다.

자기 부모를 공경하는 사람은 남의 부모도 공경하기 마련입니다. 남의 부모 사랑이 경(敬) 정신입니다.

곧 효경을 기본으로 사랑을 실천해야 합니다.

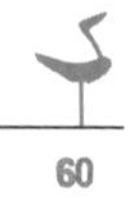

탐구하기

어른을 공경하라

어쩌면 그 옛날에 부모와 자식 사이의 세태를 이렇게 잘 보았을까요?

'나도 부모님께 그러지 않았던가? 내 자식도 나에게 그러겠지' 라는 생각을 하니 부끄럽고 서글퍼집니다.

이런 문제도 교육으로 바로 잡아야지요.

兒曹는 出千言하되 君聽常不厭하고
아조 출천언 군청상불염

父母는 一開口하면 便道多閑管이라
부모 일개구 편도다한관

非閑管親掛牽이라 皓首白頭에
비한관친괘견 호수백두

多暗諫이라 勸君敬奉老人言하고
다암간 권군경봉노인언

莫敎乳口爭長短하라
막교유구쟁장단

어린 자식들은 여러 가지 말을 해도 그대가 듣기에 늘 싫어하지 않고, 부모는 한 번 입을 열었건만 곧 잔소리가 많다고 한다. 참견이 아니라, 어버이는 염려가 되어 그러는 것이니라. 흰머리가 되도록 긴 세월에 아는 것이 많도다.

그대에게 권하노니, 늙은 사람의 말을 공경하여 받들고, 젖 냄새 나는 입으로 길고 짧음을 다투지 말아라.

현대에 사는 아들, 딸에게 꼭 해주고 싶은 말이 다음에 말씀드리는 성경입니다.

"지혜로운 아들은 아비의 훈계를 들으나, 거만한 자는 꾸지람을 즐겨듣지 아니하느니라."(잠언 13:1)

부모님들이나 자식들 모두 마음에 새기고 또 새기면서 수신에 힘썼으면 합니다.

실천하기·마음의 양식

효행을 어떻게 할 것인가에 관하여는 망설일 것 없이 '원칙'을 갖고 살라고 권합니다. 갈등이나 망설임 없이 원칙을 갖고 살면 효자라는 소리를 들을 수 있을 만큼 효행이 깊어지게 될 것입니다.

효행의 원칙

○ 부모님을 한 달에 한 번 이상 찾아뵙는다.

○ 부모님께 하루에 한 번 이상 전화를 드린다.(하루에 10분 이상 부모님께 바친다.)

○ 부모님께 매월 용돈을 드린다.

○ 어떤 경우라도 부모님을 부드럽게 모신다.

○ 자신의 좋은 일을 부모님과 함께 나눈다.

○ 형제자매 사이에 우애 있는 언행을 부모님께 보여드린다.(형제자매 사이에 서로 시기하고 미워하는 것은 큰 불효이다.)

효도 10훈

○ 건강하라.

○ 부모를 공대하라.

○ 드나들 때는 반드시 인사를 하라.

○ 밝은 얼굴과 공손한 말씨로 부모를 대하라.

○ 자기의 이름을 더럽히지 말라.

○ 거짓말로 부모를 속이지 말라.

○ 집안에서 스스로 할 수 있는 일을 찾아 부모의 수고를 덜어드려라.

○ 형제간에 결코 싸우지 말며 우애 있게 지내라.

○ 부모님을 원망하거나 허물을 말하지 말라.

○ 자기 하는 일에 충실하여 부모를 기쁘게 하라.

○ 너는 네 하나님 여호와께서 명령한 대로 네 부모를 공경하라. 그리하면 네 하나님 여호와가 네게 준 땅에서 네 생명이 길고 복을 누리리라.(신명기 27:16)

5

주인으로 사는 사람

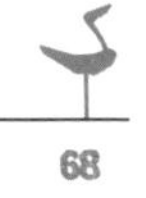

주인정신이란 무엇인가?

도산 안창호 선생은 "주인인가, 나그네인가."라며 주인이 되라고 권하셨습니다. 주인으로 사는 것과 나그네로 사는 것은 너무도 차이가 있습니다. 자신이 남의 일을 해 줄 때와 자신의 일을 할 때를 비교해 보면 쉽게 알 수 있습니다.

"남의 큰 일이 내 손가락에 박힌 가시만도 못하다."라는 말이 있습니다. 나의 작은 일이라도 남의 큰일보다 더 중요하게 생각한다는 말입니다.

이 세상에서 나는 내가 가장 중요하고, 똑같은 일이라도 다른 사람이 하였다면 별 게 아니지만 내가 한 것은 중요하게 생각합니다. 이것이 바로 인간의 본능입니다.

따라서 나그네로 일을 하는 것보다 주인으로 일을 하면 관심이 많고 중요하게 생각하기 때문에 잘 하게 된다는 것입니다.

회사원으로 근무하던 사람이 휴일과 봉급만을 생각하며 나그네로 살다가도 자신이 자기의 회사를 설립하여 회사를 운영하게 되면 회사원일 때의 사람이 아닌 완전히 다른 사람인 주인이 되어 열심히 일하게 됩니다.

그래서 나그네로 살지 말고 주인으로 신나고 멋지게 살아야 한다는 것입니다.

생각 열기

주도적으로 살자

학교의 주인은 학생입니다. 그러나 학생은 주인 노릇을 하지 않습니다. 학교의 주인은 학생도, 교사도, 교감도 아니고 오직 교장 한 사람만이 주인입니다.

한 학교에서 교사로 시작해 교감을 거쳐 교장까지 역임한 B라는 사람이 있었습니다. 이 B라는 사람의 경우에, 교장의 역할을 수행할 때만 휴지를 줍는 주인이었고 교사와 교감이었을 때는 나그네였다고 합니다.

주인으로서 주체가 되었을 때에는 휴지가 보이지만, 나그네에게는 휴지가 보이지 않습니다. B라는 사람도 학교에 있는 휴지가 교사·교감 시절에는 보이지 않더니 교장 시절에는 보이더라는 것입니다.

똑같은 사람이지만 주인의 입장과 손님의 입장은 너무나 다릅니다. 그래서 주체성 있는 주인으로 인생을 살라고 권하는 것입니다.

도산 안창호

주인으로 사는 사람 되기

탐구하기

가난한 이들의 아버지, 아베 피에르

(노영준 외 7인, 『중학교 도덕 1』, 두산동아, 2013)

1912년 프랑스의 유복한 가정에서 태어난 피에르는 부족할 것 없이 자랐으나, 19세에 모든 유산을 포기하고 성직자가 되기 위해 수도회에 들어갔다.

그는 제2차 세계 대전 때 나치에 대항해 유태인들을 스위스로 피신시키는 것을 도왔으며, 독일군에게 체포됐다가 가까스로 탈출한 후 파리 교외에 노숙인들을 위한 자립 공동체 '엠마우스'를 만들어 빈민 구호 활동에 뛰어든다.

평생을 집 없고 가난한 이들과 함께하며 그들을 위해 봉사했고, 그 밖에 여성 해방, 노인의 권익 옹호 등 사회 전 분야에 걸친 사회봉사 활동을 펼쳤다. '엠마우스'는 현재 세계 50개국에서 운영되는 세계적인 빈민 구호 단체로 성장했다.

프랑스 인들이 가장 존경하는 인물로 손꼽는 피에르 신부는 '살아 있는 성자', '빈민의 아버지' 등으로 불리며 전 세계의 많은 사람들에게서 사랑과 존경을 받았다.

(아베 피에르, 『피에르 신부의 유언』, 웅진지식하우스, 2006)

남이 행복해야 나도 행복합니다. 나눔은 자선이 아니라, 더불어 살고자 하는 마음입니다. 고통받는 사람들 또한 그 고통이 지나가면 또 하나의 나눔을 주는 사람이 될 것입니다. 인간의 삶은 사랑하는 법을 배우기 위해 허락된 짧은 순간일 뿐입니다.

"남이 행복해야 나도 행복합니다."라고 말하는 아베 피에르 신부야 말로 '살아있는 성자, 주체성 있는 성자'로 주인정신을 가지고 살았던 모범적인 사례입니다.

실천 하기·마음의 양식

○ "남의 큰 일이 내 손가락에 박힌 가시만도 못하다."는 말을 토론해 주인정신의 참뜻을 알고 주인으로 살도록 해야 합니다.

○ 도산 안창호 선생의 "주인인가, 나그네인가."에서 선각자인 도산 선생의 통찰력을 토론해 봅시다.

○ 우리 중에 인물이 없는 것은 인물이 되려고 마음먹고 힘쓰는 사람이 없는 까닭이다. 인물이 없다고 한탄하는 그 사람 자신이 왜 인물 될 공부를 아니 하는가?(도산 안창호)

○ 이 세상에서 나는 내가 가장 중요하고, 똑같은 일이라도 다른 사람이 하였다면 별 게 아니고 내가 했다면 중요하게 생각하는 인간의 본능을 토론해 보고 주인정신을 갖게 해야 합니다.

○ 여행을 할 때 사용하는 숙소와 자기 집에서 자기 방을 사용한 것을 비교하여 생각해보고 주인정신의 중요성을 생활화합시다.

○ 주인정신을 갖고 사는 사람은 훌륭한 사회의 일원이 될 뿐만 아니라, 자신의 목표를 이루는 데 큰 역할을 하게 될 것입니다.

이야기 둘

평생 배우고 행동하는 진취적인 사람

구하라, 찾으라, 문을 두드려라.

– 마태복음, 7:7 –

구하는 이마다 받을 것이요,
찾는 이는 찾아낼 것이요,
두드리는 이에게는 열릴 것이니라.

– 누가복음, 11:10 –

1

자제력(自制力) 있는 사람

자제력이란 무엇인가?

욕망과 감정 따위를 스스로 억제하는 것을 자제라 하고 절제는 방종에 흐르지 않도록 감정적 욕구를 이성으로 제어하는 것을 말합니다. 즉, 자제란 자기통제·자기절제를 의미합니다.

자신의 감정을 주체적으로 조절할 수 있다는 것은 어렵고 매우 중요한 것입니다. 자신의 감정을 스스로 조절할 수 있는 능력은 하루 아침에 이루어지는 게 아니고 많은 노력이 필요합니다.

미국의 3대 대통령 토마스 제퍼슨(Thomas Jefferson, 1743~1826)의 생활 10계명 중에 "화가 날 때에는 우선 열까지 센 후 말하라. 그래도 참기 어려우면 백까지 세라."고 한 것은 많은 교훈을 주는 말입니다.

자신의 자제력을 기르는 데 간단하면서도 쉽게 실천할 수 있는 이런 방법을 사용한 것을 보면서 제퍼슨이 저절로 쉽게 대통령이 된 것이 아님을 알 수 있습니다.

다음은 마시멜로 법칙과 자제력에 대해서 생각해 보겠습니다.

미국 스탠퍼드 대학의 미셸(Walter Mischel) 박사가 창안한 '마시멜로 법칙'을 보면, 두 개의 마시멜로를 먹기 위해 눈 앞의 마시멜로 한 개를 참아낸 아이들은 청소년이 된 이후에도 TV를 보지 않고 SAT 공부를 하여 평균 점수가 210점이나 높았고 직장인이 된 이후에도 사고 싶은 것을 참고 은퇴자금을 모았다고 합니다.

'자기통제'가 성공의 지름길이라는 것이 이 법칙의 메시지라고 한다면 우리는 그 마시멜로 법칙을 습득하는 학습을 해야 합니다.

1966년 4살이었던 캐럴린 와이즈는 마시멜로와 쿠키, 프레즐을 보여주며 하나를 고르라고 하자 마시멜로를 골랐습니다.

연구원이 캐럴린에게 제안을 했습니다.

"지금 먹으면 마시멜로를 1개만 먹을 수 있고, 15분을 기다리면 2개를 먹을 수 있어."

캐럴린 와이즈의 오빠(5살) 크레이그도 똑같은 실험에 참가했습니다. 동생은 기다렸다가 마시멜로 2개를 먹었지만, 오빠는 못 기다리고 1개만 먹었다고 합니다.

더 큰 보상을 기대하고 15분을 꼭 참은 아이들은 참가자(653명)의

30%에 불과했다고 합니다. 이 실험에서 인종이나 민족에 따른 차이는 없었습니다.

캐럴린 와이즈는 스탠퍼드 대학을 나온 뒤 프린스턴 대학에서 사회심리학 박사학위를 받아 퓨젯사운드 대학에서 교수로 재직하고 있지만, 로스앤젤레스에 살고 있는 오빠는 안 해본 일이 없을 정도로 고달프게 살고 있다고 합니다.

우리는 마시멜로 실험에서 자제력 있는 아이의 미래가 더 밝다는 것을 배울 수 있었습니다.

자제력 있는 사람 되기

생각 열기

스스로 하는 노력

(교육부, 『초등도덕 3』, 천재교육, 2014)

피아노 치는 것을 좋아하는 주빈이는 '비 오는 날'이라는 곡을 한 달 동안 연습하고 있습니다. 이 곡을 처음 연습할 때에는 어머니께서 도와주셨지만 그 후로는 혼자서 연습하였습니다. 한 가지 어려운 점은 주빈이의 작은 손가락을 크게 벌려 멀리 떨어진 두 음을 동시에 눌러야 하는 것이었습니다. 매일 연습을 하였지만 잘 되지 않았습니다. 하지만 주빈이는 참고 또 참으며 피아노 연습을 하였습니다.

그러던 어느 날, 주빈이가 말하였습니다.

"그만둘래요."

그러자 어머니가 말씀하셨습니다.

"주빈아, 어려운 일을 스스로의 힘으로 이겨내지 못하고 포기하면 앞으로 다른 일들도 해낼 수 없게 될 거야. 그리고 지금까지 해온 노력들도 아깝게 될 거란다."

이에 주빈이는 포기하겠다는 마음을 바꾸어 꼭 해내겠다고 결심하였고, 매일 열심히 연습하기 시작하였습니다. 월요일도 화요일도 최선을 다해 연습하였습니다. 수요일이 되었지만, 아직도 멀리 떨어진 두 음을 동시에 누르지 못하였습니다. 목요일이 되자 다시 그만두고 싶은 생각이 들었습니다. 하지만 주빈이는 어머니의 말씀을 떠올리며 다시 피아노 연습을 시작하였습니다. 금요일이 지나고 토요일 저녁 마침내 주빈이는 힘껏 손가락을 벌려 정확하게 두 음을 눌렀습니다.

"내 힘으로 해냈어!"

주빈이는 어머니께 달려갔습니다. 어머니께서는 기뻐하시며 칭찬을 해 주셨습니다. 그날 밤, 주빈이는 피아노 연주회에서 박수를 받는 행복한 꿈을 꾸었습니다.

(이안 제임스 코레트 저, 정창우·조석환 역, 『날마다 만나는 10분 동화』, 주니어 김영사, 2011

실천하기·마음의 양식

○ 참으며 자제하는 부모의 평소생활 만큼 좋은 스승은 없습니다.

○ "화가 날 때에는 우선 열까지 센 후 말하라. 그래도 참기 어려우면 백까지 세라."라는 제퍼슨 대통령의 생활 10계명을 활용해 자제력을 신장시키는 것도 좋을 것 같습니다.

○ 마시멜로 법칙을 익혀 실생활에 적용하여 봅시다.

○ 오직 절제만이 인생을 아름답게 합니다.(독일 속담)

○ 유태인의 삶의 가치와 지혜가 있는 탈무드의 내용을 생각해 볼까요?

이 세상에서 가장 현명한 사람은 어떤 사람인가?

"만나는 모든 사람에게 무언가를 배우는 사람이 가장 현명한 사람입니다."

이 세상에서 가장 힘이 센 사람은 어떤 사람인가?

"스스로 자신을 억제할 수 있는 사람입니다."

라고 하여 자제력의 중요성을 말하고 있습니다.

○ 인류가 갖고 있는 좋은 점 가운데 대부분은 인내력, 참을성, 자제심의 범주에서 찾을 수 있다.(아서 헬프스)

○ 자제력은 한 인간의 됨됨이를 드러내는 냉정한 바로미터입니다.

○ 우리가 선을 행하되 낙심하지 말지니 포기하지 아니하면 때가 이르매 거두리라.(갈라디아서 6:9)

○ 내 형제들아, 너희가 여러 가지 시험을 당하거든 온전히 기쁘게 여기라. 이는 너희 믿음의 시련이 인내를 만들어내는 줄 너희가 앎이라. 인내를 온전히 이루라. 이는 너희로 온전하게 구비하고 구비하여 조금도 부족함이 없게 하려 함이라.(야고보서 1:2~4)

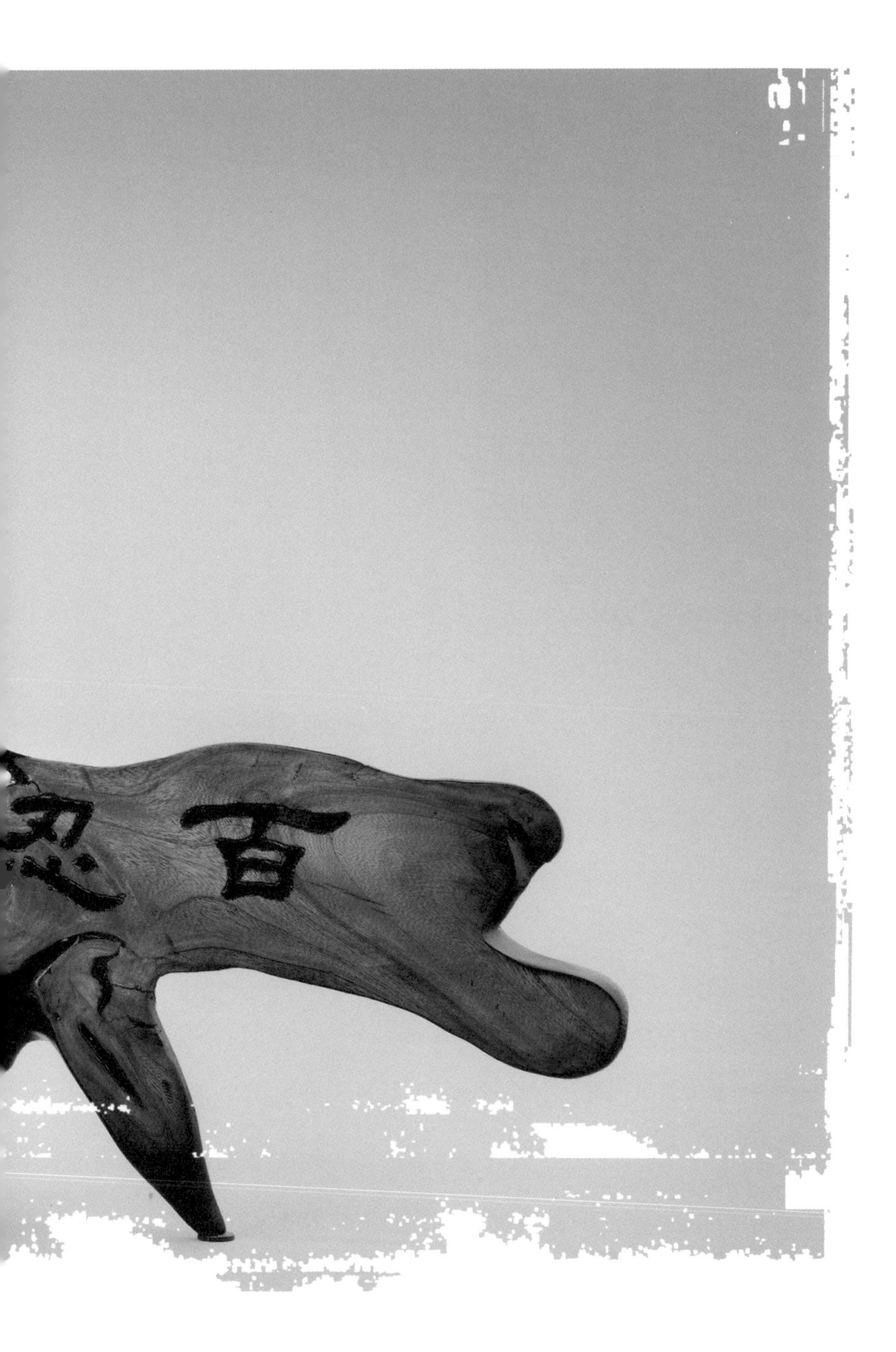
百

2

용기(勇氣)있는 사람

용기란 무엇인가?

씩씩하고 굳센 기운을 용기라 하고, 용기는 비겁과 만용의 중용이라 할 수 있습니다. 비겁하다는 것은 겁이 많고 천하여 하는 짓이 버젓하지 못하고 야비한 것을 이릅니다. 용기에 미치지 못하는 것이 비겁이고 용기를 넘어 지나친 행동을 만용이라고 합니다.

용기는 위험을 알면서도 그 앞에서 굽히지 않고 꿋꿋하게 맞서는 것을 말합니다. 그것은 어렵고 무섭거나 두려운 가운데에서 해야 할 것을 행하는 것으로 포기하고 싶을 때에도 과감히 행하는 것입니다.

용기는 정의로부터 나오며 결국 승리할 것이라는 믿음에서 생깁니다. 또한 용기는 자신을 알고 앞으로 해야 할 것이 무엇인가 깊이 인식할 때에 생겨납니다.

따라서 정의와 진리는 용기 있는 사람들의 것입니다. 용기가 없는 사람은 설사 기회가 와도 그것을 잡을 수가 없습니다. 그리고 비겁한 사람들은 회피하거나 다른 사람의 탓으로 돌리게 됩니다.

생각 열기

용기 있는 사람

새무얼 스마일즈(Samuel Smiles, 1812~1904)는 『인격론』(2005)에서 용기에 관한 것을 다음과 같이 말했습니다.

용기를 자신의 것으로 만들기 위해서는 어떻게 해야 하는가?

어디에서든지 가장 높은 자리를 향해 나아가는 사람들은 모두 용기 있는 사람이다. 흔히 용기란 영웅들의 덕목이라고 생각할지 모르지만 일상생활에서 용기를 보일 수 있는 경우는 얼마든지 많다.

예를 들면, 솔직할 수 있는 용기, 유혹에 맞설 수 있는 용기, 사실을 말할 수 있는 용기, 가식 없이 있는 그대로를 보여줄 수 있는 용기, 다른 사람의 부에 부도덕하게 의존하지 않고 자신이 갖고 있는 부의 범위 안에서 정직하게 살아갈 수 있는 용기, 진리를 추구하고 진리를 대변하고자 하는 용기, 공정함을 잃지 않으려는 용기, 의무를 다하려는 용기 등을 말할 수 있다.

이 세상에서 발생하는 많은 불행과 부도덕함은 용기의 부족에서 나오게 된다고 설명합니다.

인성교육에 있어 용기는 대단히 중요한 덕목입니다. 용기 있는 사람들이야 말로 이 세상을 밝게 해줄 것입니다. 또한 진실로 사회에 반드시 필요한 사람들입니다.

탐구하기1

벤저민 프랭클린의 반성

(교육부, 『초등도덕 4』, 천재교육, 2014)

미국의 독립선언서와 헌법을 만드는 데 공헌한 유능한 정치가이면서 피뢰침을 발명한 과학자이기도한 벤저민 프랭클린은 힘든 어린 시절을 보냈습니다. 가난했지만 성실했던 그는 무엇이든 열심히 배우려 노력하였고, 특히 1분 1초를 소중하게 여기어 시간을 철저하게 관리하였습니다.

공부를 시작하면서 늘 시간이 부족하다고 느낀 프랭클린은 어떻게 하면 하루 24시간을 효율적으로 사용할까 고민하였습니다. 그래서 종이 한 장을 꺼내 새벽 다섯 시부터 밤 열 시까지 자신이 시간마다 해야 할 일을 꼼꼼하게 적어 두었습니다. 그는 일과를 다 완성한 뒤 일과표의 맨 윗부분과 맨 아랫부분에 다음과 같은 글귀를 정성 들여 적어 넣었습니다.

'오늘은 어떤 선행을 할 것인가?

…

오늘은 어떤 선행을 하였는가?'

자신만을 위한 시간에 쫓겨 살다가 다른 사람을 돕는 일에 소홀하게 되지 않을까 프랭클린은 늘 자신의 삶을 도덕적으로 반성하며 살았던 것입니다.

(벤저민 프랭클린 저, 이계영 역, 『프랭클린 자서전』, 김영사, 2011)

벤저민 프랭클린은 '생활신조 13가지 덕목'을 실천하기 위해 성공 기록부를 만들어 실천한 내용은 우리가 본받아야 하겠습니다.

탐구하기2

참다운 용기

(교육부, 『초등도덕 6』, 천재교육, 2014)

참다운 용기는 어떤 것인가에 대해 살펴보겠습니다.

오늘 도덕 시간에는 용기에 관해 토론을 하였습니다. 어른들이 보기에는 사소한 일이지만, 아이들의 입장에서는 큰 용기를 발휘한 뚜렷한 경험들이 쏟아졌습니다.

"며칠 전에 숙제하다가 정말 많이 놀고 싶었지만 힘을 내어 그 유혹을 이겨 냈어요."

"저는 지난 번 가족들과 산에 갔는데 너무 힘들었지만 나약해지려는 제 자신을 격려하면서 정상까지 올라갔어요."

우리의 이야기가 끝나자 선생님께서는 초등학교 6학년 때의 일을 말씀해 주셨습니다.

"당시 수도 공사가 한창이던 우리 마을에서는 이쪽 수도관에서 저쪽 수도관으로 건너뛰는 일이 아이들 사이에서 최고 인기

였지. 그러던 어느 날 나는 유난히 사이가 벌어진 수도관 위에서 뛸까 말까를 놓고 잠시 고민을 했단다. 또래보다 키가 작은 나에게는 어려운 도전이었거든. 그러나 혼자만 낙오되는 것이 자존심 상하는 일로 여겨져 용기를 내어 도전을 하였지."

"그래서 어떻게 되셨어요?"

"거친 숨을 고른 후 나는 뛰어올랐지. 하지만 맞은편 수도관에 한쪽 발이 닿자마자 쭉 미끄러졌고 땅에 곤두박질치는 우스운 꼴을 당해야 했어. 다행히 다친 데는 없었지만 자신과 싸워 이긴다는 것이 무엇을 뜻하는지 어렴풋하게나마 알게 되었지. 그리고 자신의 체력과 능력을 고려하지 않고 덤비기만 하는 용기는 무모하다는 것도 깨달았단다."

그 시절의 일을 말씀하시며 선생님께서는 수업을 이렇게 마무리하셨습니다.

"열심히 산을 올라도 정상까지 못 갈 수도 있고, 힘껏 달려도 1등을 놓칠 때가 있단다. 여기서 중요한 것은 결과가 아니라 과정이지. 능력이 조금 떨어진다고 너무 속상해 할 필요는 없어. 왜냐하면 열심히 노력하고 최선을 다하는 자세, 그것이 참된 용기거든. 진정한 용기는 자신과 싸워 이기기 위해 노력하면서 날마다 조금씩 조금씩 발전해가는 바로 그 모습 속에 있는 것이거든."

(KBS, 〈TV동화 행복한 세상〉)

실천하기·마음의 양식

○ 성인들의 용기와 결단력을 보면서 용기를 배우는 게 큰 의미가 있습니다. 더 좋은 것은 부모의 용기와 결단력을 보고 배우면 최상의 방법이겠지요.(신에게는 12척의 배가 있습니다, 이순신)

○ 용기 있는 행위는 어느 것이든 쉽지 않습니다. 왜냐하면 결과의 불확실성에 대한 두려움을 이겨야 하기 때문입니다. 그 결과의 성패에 관계 없이 시도하는 용기 자체가 소중한 것으로 칭찬을 아끼지 말아야 합니다.

○ 용기, 만용, 비겁, 비굴 등의 의미를 정확히 알고 자기 스스로 적절한 용기 있는 행동을 만들려는 노력을 해야 합니다. 나아가 체질화되면 얼마나 좋을까요.

○ 호연지기(浩然之氣)를 키우기 위해 밤에 공동묘지를 간다는 말을 들은 적이 있습니다. 무섭고 두려워도 과감히 정면으로 돌파하는 것은 권장할 만합니다.

○ 정의롭지 않거나 원칙을 벗어나는 일이 있을 때에 "No!"라고 할 수 있는 용기가 있어야 합니다. 친구들의 권유에 빠져 담배를 피우거나 남의 물건을 훔치게 되는 경우와 같이 나쁜 버릇을 배우게 될 때에 참여하지 않는 용기가 절대로 필요합니다.

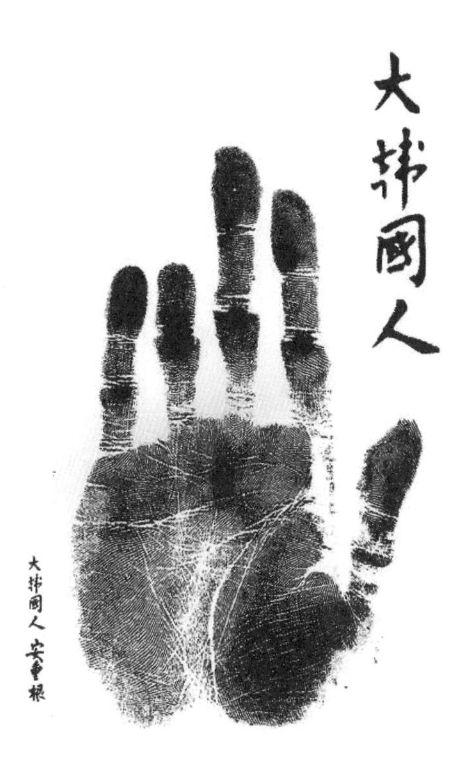
大韓國人
大韓國人 安重根

3

근검(勤儉)하는 사람

근검이란 무엇인가?

부지런하고 검소한 것을 근검이라고 합니다. 근면과 검소가 합해진 말입니다. 부지런히 노력한다는 뜻을 가진 근면은 노동과 불가분의 관계를 지니고 있는데, 노동이란 부지런히 열심히 한다는 것입니다.

인간 사회에서 생존경쟁은 피할 수 없는 것이고 이기고 살아남기 위해서는 근면할 수밖에 없습니다. 따라서 근면은 인간 사회에서 반드시 요청되는 매우 중요한 덕목이라 할 수 있습니다. 근면이야 말로 자연을 정복하고 문화생활을 할 수 있게 만든 일등공신입니다.

땀의 의미

“천재는 2%의 영감과 98%의 노력으로 이루어진다.”는 말이 있습니다. 이 말은 바로 천재라 할지라도 노력과 땀의 결정으로 성공할 수 있다는 말입니다.

새무얼 스마일즈의 『자조론』(2006)에서 근면에 관한 것을 들어보겠습니다.

육체노동이든 정신노동이든 자신의 노동으로 얻은 빵만큼 달콤한 것도 없다. 인간은 노동을 통해 땅을 개간하고 미개한 생활에서 구원받았다. 노동이 없다면 문명은 한 걸음도 발전하지 못했을 것이다. 노동은 필수적인 의무일 뿐만 아니라, 축복이기도 하다. 게으른 자만이 노동을 저주라 한다. 노동의 의무는 팔다리 근육, 손의 구조, 두뇌의 신경과 주름 구석구석에 새겨져 있다.

생각 열기 2

검소의 미덕

새무얼 스마일즈는 『검약론』(2006)에서 미국의 제럴드 포드(Gerald Ford, 1913~2006) 전 대통령의 절약정신을 언급하였습니다.

실제로 한 국가의 부는 그 국가를 이끄는 리더의 검약하는 자세와 무관하지 않다. 포드 전 미국 대통령이 방한했을 때의 일화다.

포드 전 대통령은 당시 조선호텔에 묵었는데 그때 호텔 세탁부에서 포드 전 대통령의 옷을 다림질했던 사람들은 그의 옷을 보고 적잖게 놀랐다. 미국 대통령의 양복바지에는 구멍이 나 있었고, 웃옷은 안감 실이 터져 있었던 것이다. 호텔 세탁부가 도저히 그냥 다릴 수가 없어서 터진 것들을 꿰맨 뒤에 다림질을 했는데, 부자 나라의 대통령이 그토록 검소했던 것이 너무나 인상적이었다고 했다.

포드 전 대통령은 부자 나라의 대통령이었을 뿐만 아니라, 그 자신이 엄청난 거부였다. 이처럼 진짜 부자도 검약한다.

근검하는 사람 되기

탐구하기

다산 선생의 가르침

조선시대의 학자 다산 정약용(1762~1836) 선생은 그의 두 아들에게 가훈으로 이런 말을 남겼다고 합니다.

"나는 너희에게 남겨 줄 만한 땅도 벼슬도 없다. 하지만 두 글자를 너희에게 남겨 주니, 너희들은 이것을 소중히 여기거라. 한 글자는 근(勤)이고, 다른 한 글자는 검(儉)이다. 이 두 글자는 좋은 밭과 기름진 땅보다 훨씬 나으니, 평생을 쓰더라도 다 쓰지 못할 것이다.

(정약용, '유배지에서 보낸 편지')

다산 정약용 선생 가문의 가훈인 '근·검'이라는 두 글자는 우리 모두가 자신의 삶을 가꾸어가는 중요한 가르침입니다.

실천하기·마음의 양식

○ 근검·절약하는 부모의 평소 생활만큼 좋은 스승은 없을 것입니다. 몸소 실천하는 부모야 말로 본인의 인격은 물론 자녀를 된 사람으로 만들 수 있는 좋은 방법입니다.

○ 미국의 포드 전 대통령의 근검·절약하는 사례는 참으로 감동적입니다. 자기 절제와 인내 그리고 감수하는 고통이 고통으로 끝나는 게 아니라, 그 이상의 성취와 결실을 통해 감동으로 돌아온다는 것을 믿고 근검·절약의 진정한 가치를 느낄 수 있다고 봅니다.

○ "인내는 쓰다. 그러나 그 열매는 달다."는 루소의 말을 음미해 봅시다.

○ 근검·절약하는 것을 보면 망설이지 말고 칭찬하고 보상을 합니다.

○ 정당하게 벌어 근검·절약하며 떳떳하게 사는 것이 행복하고 올바른 삶이라는 것을 일깨워 주어야 합니다.

○ 부자인 포드 전 대통령처럼 검소한 생활을 즐기며 가난한 이웃과 나누며 사는 기쁨이 바로 행복입니다.

○ 일을 할 때에 노동이라고 생각하는 것보다 운동이라고 생각하면 어떨까요? 틀림없이 지겹고 힘들기보다 훨씬 즐겁고 가벼워질 것입니다.

4

입지(立志)가 있는 사람

입지란 무엇인가?

이상(理想)을 가지고 뜻을 세우는 것을 입지(立地)라 합니다. 이상이란 사람이 살아가는 최선의 목표를 말하며, 이상적인 꿈을 갖고 사는 사람은 미래지향적이고 창조적인 인생을 준비하는 사람으로 성공적인 삶을 살게 될 것입니다.

성공하는 데 필요한 것은 특출한 재능이라기보다 목표의식(성취동기)을 가지고 최선을 다해 끝까지 노력하는 의지입니다.

입지와 관련하여 새무얼 스마일즈는 『자조론』에서 다음과 같이 말했습니다.

어떤 사람이 되려고 하든, 어떤 일을 하려고 하든 그 일을 가능하게 해주는 것은 바로 의지, 목적의식의 힘이다. 어느 성인은 이렇게 강조했다.

"사람은 무엇이든 자기가 원하는 만큼 이루게 된다. 신의 뜻에 맞게 의지의 힘을 발휘한다면 참된 의도를 가지고 있는 한 무엇이든 간절히 원하는 대로 이룰 수 있다."

역사적으로 큰 업적과 명예를 남긴 훌륭한 사람들은 젊어서부터 큰 이상을 품고, 품은 뜻을 이루기 위해 최선을 다해 노력합니다.

그 노력은 타인과의 경쟁이라기보다 자신과의 싸움에서 승리한 것입니다. 성공한 사람들을 보면 대부분이 자신과의 싸움에서 승리한 사람이라는 게 중요합니다.

생각 열기

신념에 따른 행동

유일한 박사(1895-1971)는 해외에서 회사를 만들어서 성공하였으나 일본으로부터 억압받는 우리 국민을 위해 고국으로 돌아와 다음과 같은 기업 이념으로 회사를 창업했다.

"정성껏 좋은 상품을 만들어 국가와 동포에 봉사하고, 정직하고, 성실하며, 양심적인 인재를 키운다. 기업은 첫째, 회사를 키워 일자리를 만들고, 둘째, 정직하게 납세하며, 셋째, 남는 것은 기업을 키워 준 사회에 환원한다."

이러한 기업 이념에 따라 유일한 박사는 우리나라 독립을 위해 헌신하였으며 여러 학교를 설립해 교육에 힘썼다. 또한 그가 세운 회사는 투명하고 정직한 경영으로도 높은 평가를 받았다. 마지막에는 자신이 가지고 있던 대부분의 재산을 공익 기업에

기부하였고, 회사는 가족이 아닌 전문 경영인이 뒤를 이어 경영하도록 하였다.

(경향신문, 2011년 3월 10일)

유일한 박사는 철학과 신념에 따른 행동을 한 사람으로 유명합니다. 유일한 박사는 기업경영을 모범적으로 실천하여 귀감이 되는 훌륭한 사람으로 우리에게 가르침을 많이 주신 사람입니다.

입지가 있는 사람 되기

적성과 흥미(흥미검사, 적성검사를 실시한다), 갖고 싶은 직업 등을 고려하여 목표를 정합니다. 물론 부모와 자녀가 많은 토론을 하여 결정합니다.

어려서부터 그때 그때의 상황에 따라 변화하고 커가면서 자신에게 가장 적합한 목표를 찾아가는 데에는 부모의 조력이 반드시 필요합니다.

슈바이처는 21세 때에 평생을 봉사하며 살겠다는 이상을 갖게 되었다고 합니다. 그 이상을 실현하기 위해 30세에 의학 공부를 시작하여 39세에 마치고 아프리카의 오지로 건너가 평생을 불쌍한 사람들을 돌보며 산 성자입니다. 그가 의과대학을 가기 전에도 사회적인 명성과 부는 남부럽지 않을 정도였다고 합니다.

탐구하기

꿈을 실현하는 6단계

(교육부, 『초등도덕 6』, 천재교육, 2014)

자기의 꿈을 실현하기 위해 어떤 절차가 필요한가를 생각해 보겠습니다.

1. 꿈 생각하기

내가 가치 있다고 생각하는 것과 하고 싶은 것을 생각해 봅니다.

2. 목표 세우기

목표란 꿈을 이루기 위해 하나 하나 실천하면서 오를 수 있는 가장 높은 곳입니다. 자신의 꿈을 생각하며 목표를 세웁니다.

3. 목표를 이루는 방법 생각하기

목표를 이루기 위한 방법을 찾아보고 그중에서 어떤 것을 가장 먼저 실천할지 정합니다.

4. 꾸준히 할 일 생각하기

목표를 이루기 위한 방법 중 오랫동안 해야 할 것들을 생각합니다.

5. 열심히 노력하기

내가 정한 목표와 실천방법을 계획한 대로 열심히 실천합니다.

6. 꿈을 이루고 함께 나누기

꿈이 이루어진다고 끝나는 것이 아니라, 내가 이룬 꿈을 다른 사람들을 위해 활용하는 것도 중요합니다.

(한국영리더십센터, 『멋진 영리더를 위한 7가지 습관』, 청솔, 2006)

실천하기·마음의 양식

○ 새무얼 스마일즈의 말을 인용하여 입지의 개념과 필요성을 이야기 합니다.

○ 경쟁이란 타인과의 경쟁이 아니라, 나 자신과의 싸움에서 승리하는 게 참다운 의미의 경쟁이라는 것을 일깨워 주어야 합니다.

○ 목표가 있는 삶은 무엇에 집중해야 할지를 알고 낭비와 방황을 줄여줍니다.

○ 이상적인 목표를 선정하고 그 목표를 향해 최선을 다해 인생을 산다면 행복하고 성공한 삶을 살 것입니다.

5

경제(經濟)에 밝은 사람

경제란 무엇인가?

사람들의 사회생활은 분쟁의 연속입니다. 교통사고나 형제간의 재산싸움을 비롯해 수많은 분쟁들이 일어나고 있습니다. 그 분쟁의 원인은 대부분 돈 때문에 발생하는 것입니다.

돈은 우리가 생활하는 데 있어 없으면 살 수 없는 아주 중요한 존재입니다. 사람들은 돈이 없으면 하루도 버텨내기 힘듭니다. 의식주 생활이 모두 돈으로 연결되어 있기 때문입니다.

우리 속담에 "돈만 있으면 두억시니(귀신)도 부릴 수 있다."고 하여 돈만 있으면 못할 일이 없다고 합니다. 돈으로 귀신도 부린다니 위력이 어떤지 알겠습니다.

이렇게 중요한 존재인 돈은 잘못 사용하면 사람을 잃게 되는 무서운 존재이기도 합니다.

하지만 우리 생활에서 중요한 돈에 대한 교육이 가정에서, 학교에서, 또 우리 사회에서 등한시되어 있는 게 현실입니다. '돈은 더러운 것' '돈 이야기를 입에 담는 것은 천한 것'이라는 유교적인 사고방식 때문에 금전교육이 적었고 실제로 무엇을 어떻게 시켜야 좋을지 몰라 부모가 자식에게 금전교육을 등한시하게 되었습니다.

많은 사람들이 금전교육이라면 돈을 함부로 쓰지 않고 절약해야 한다는 것으로 생각하곤 합니다. 절약정신도 중요하지만 돈을 어떻게 쓰느냐도 중요합니다.

그래서 돈에 대해서 본질적인 연구나 교육적인 철학이 담긴 이론이 있어야 합니다. 그 이론은 누구나 공감하고 동의하는 내용으로 방향을 잡고 어려서부터 가르쳐야 합니다.

경제교육은 선택이 아니라 필수로 가정에서 의무적으로 가르쳐야 합니다. 또한 학교에서도 돈에 관해 합리적인 이론을 정립하여 가르쳐야 할 것입니다.

경제에 밝은 사람 되기

탐구하기

록펠러 가문의 금전교육을 살펴보겠습니다. 이 가문은 30억 불이라는 큰 재산을 관리하는 재벌로서 시카고 대학을 비롯한 12개의 종합대학, 12개의 단과대학 및 연구소를 지어 사회에 기증했으며 4,928개의 교회를 건축하였다고 합니다.

이런 록펠러 가문은 그 자식들에게 어떤 금전교육을 시키고 있을까요?

록펠러의 외아들인 록펠러 2세는 대단한 부잣집 아들이었지만 다른 가난한 집의 아이들보다 더 많은 용돈을 받아본 적이 없다고 합니다. 그의 부모는 자식에게 용돈을 줄 때 다른 집 아이들이 얼마의 용돈을 받는 게 언제나 표준이었습니다.

부잣집 아이나 가난한 집 아이나 용돈이 차이가 날 필요가 없다고 생각했다고 합니다. 이 덕분에 록펠러 2세는 아주 중대한 두 가지 금전교육의 메시지를 받았습니다.

첫째는 아버지의 재산과 자기의 용돈과는 아무 상관이 없다는 것입니다. 즉, 아버지의 많은 재산이 나와는 상관없는 그저 '아버지의 재산'일 뿐이라는 메시지와 교훈입니다.

둘째는 학교와 이웃의 평범한 집 친구와 자기는 하나도 다르지 않은 위치의 친구일 뿐이라는 교훈입니다.

이 두 가지 교훈을 바탕으로 자녀에게 절제된 생활을 가르쳤습니다. 한 예로, 자녀들에게 설탕을 주고 아껴먹도록 하였습니다. 개인 컵에 일주일분의 설탕을 주고 자녀들이 알아서 먹게 하였습니다. 욕심을 부려 한꺼번에 다 먹어 치운 자녀는 다른 자녀들이 음료에 설탕을 넣어 마시는 동안 쓴 음료를 마실 수밖에 없었습니다. 다음 주에 부모가 설탕을 나누어 줄 때까지 기다려야 했습니다.

록펠러 가문에서는 이렇게 절제와 무절제한 소비를 가르쳤다고 합니다.

그래서 록펠러 2세는 아버지에게 감사하게 생각하면서 그의 자식에게도 그가 받은 금전교육을 그대로 전수하여 실시하고 있다고 합니다.

록펠러가의 금전교육이 미국의 중산층 문화를 지탱하고 있는 금전교육이라고 하면 별 문제가 없을 것입니다.

실천하기·마음의 양식

○ 우리 모두 돈이 중요하다고는 생각하지만, 그 만큼 가르치지는 않습니다. 돈에 대해서 알아야 될 것이나 반드시 가르쳐야 할 것이 너무나 많은데 무언가 문제가 있는 게 아닐까요?
어려서부터 돈에 대해서 배우고 실천하며 살아야 하는데 그렇지 못해서 돈 때문에 문제를 일으키는 사람이 너무나 많습니다.
돈에 관해 제대로 공부할 수 있도록 금전교육 전문가나 교육 전문가들이 좋은 교재를 만들어 주었으면 기대합니다. 그래야 가정에서나 학교에서 금전교육이 수월하게 이루어질 것입니다.

○ 경제자립은 진정으로 자유로운 존재가 되기 위해서 반드시 쟁취해야 하는 것입니다.

○ 자녀의 경제교육은 이렇게.
- 용돈은 적당한 액수를 정해서 정기적으로 주어야 한다.
  중학생의 경우는 일주일 단위, 고교생은 한 달 단위로 용돈을 주는 것이 좋습니다. 계획적인 소비습관을 기를 수 있기 때문입니다.
- 돈을 쓸 곳과 액수를 미리 정해서 소비하도록 지도하라.
  물건을 구입하기 전에 미리 계획을 세울 수 있도록 도와주어야 합니다. 충동적으로 물건을 사거나 불필요한 물건을 구입하지 않도록 하는 것이 필요합니다.
- 부모는 가계부, 자녀는 용돈 기입장을 기록하자.

– 자녀에게 소홀함을 물질적 보상으로 대신하지 말자.

특히 맞벌이 부부의 경우 자녀에 대한 미안한 마음을 물질로 보상하려는 심리가 있습니다. 자녀와 함께하는 시간을 더 많이 갖는 것이 더 바람직합니다.

– 일상적 가사를 돕는 대가로 자녀에게 용돈을 주는 것을 신중히 하자.

청소, 방 정리 등 당연히 해야 할 일에도 으레 금전적 보상이 따른다는 인식을 줄 수 있기 때문입니다.

– 필요한 물건과 갖고 싶은 물건을 구분하게 하자.

청소년들은 새로운 상품과 광고를 보면 금방 갖고 싶은 충동이 생길 수 있습니다. 이때 필요한 물건과 갖고 싶은 물건을 구분하도록 지도해야 합니다. 구매의 우선순위가 정해져야 합리적 소비를 할 수 있기 때문입니다.

– 반드시 저축을 하게 하라.

저축은 건전하고 합리적 소비습관을 기르는 데 결정적인 영향을 미칠 수 있습니다. 어떤 가르침이나 도움보다 더 중요한 것이 저축의 생활화입니다.

○ 속이는 말로 재물을 모으는 것은 죽음을 구하는 것이라. 곧 불려 다니는 안개니라.(잠언 21:6)

○ 의인의 적은 소유가 악인의 풍부함보다 낫도다.(시편 35:16)

10%

이야기 셋

더불어 함께하는 사람

두 사람이 자신이 가지고 있는 사과를 서로 교환한다면
모든 사람이 사과 한 개일 뿐이다.
그러나 생각을 교환하면
사람은 두 개의 생각을 가지게 된다.

– 버나드 쇼 –

1

예의(禮儀)를 갖춘 사람

예의란 무엇인가?

"기계와 기계가 맞물려 돌아갈 때에는 윤활유가 필요한 것과 같이 사람과 사람이 생활하는 데에는 예절이 필요하다."

이 말은 예절의 중요성을 잘 말해주고 있습니다.

그러나 그렇게 중요한 예절이 요즈음 잘 지켜지지 않는 이유는 무엇일까요?

8·15 해방 이후 서구의 물질주의 문화가 쏟아져 들어왔고 더욱이 6·25 이후 의식주 해결과 입시 위주의 교육 때문에 예절은 뒷전으로 물러나 자식은 물론 부모도 예절에 관심이 없어졌기 때문입니다.

오늘날 자식이 부모의 멱살을 잡고, 제자가 스승을 구타하는 예는 낯설지 않은 일로, 예절은 땅에 떨어졌고 자신을 위해서는 다른 사람들은 안중에도 없으며 돈과 권력을 위해서는 수단과 방법을 가리지 않는 것이 오늘의 세태입니다.

더 늦기 전에 가정교육이 이루어져야 하겠습니다.

생각 열기

프랑스의 가정교육

다음에는 우리의 가정교육과 다른 프랑스의 가정교육에 대해서 살펴보겠습니다.

결혼기념일이 돌아와 어떻게 하면 좋을까 생각한 끝에 식당에 가서 점심을 먹고 영화도 한 편 보기로 했습니다.

식당에 들어가 분위기를 보니 TV를 보는 사람들도 있고 이리저리 뛰어 노는 장난꾸러기들이 눈살을 찌푸리게 하였습니다.

요즘 우리 식사문화를 보면 참으로 걱정스러운 면을 많이 볼 수 있는 게 현실입니다.

장난꾸러기 아이들의 행동을 아무렇지도 않게 생각하는 부모들을 보면서 짜증도 나고 문제가 있다는 생각입니다. '아이들을 저렇게 두셔도 됩니까?'라는 말에 '뭐 그런 걸 갖고 그러십니까?'

라는 대답이었다고 합니다.

또한 어른이 식사가 다 끝나지도 않았는데 중간에 일어나 자리를 뜨는 것도 별로 문제가 되지 않는 것이 우리의 현실입니다.

그러나 프랑스 아이들은 자신의 식사가 끝났어도 어른들의 식사 도중에는 식탁을 마음대로 떠나지 못하도록 하는 것이 관례이며, 부득이 한 경우에만 부모의 허락을 받아 식탁을 떠날 수 있다고 합니다.

프랑스 부모들은 우리의 부모와는 다르게 식사시간을 유용하게 대화나 인내심을 키울 수 있도록 활용한다고 합니다.

우리가 프랑스 부모들에게 배워야 할 것이 바로 '해야 할 일과 하지 말아야 할 일을 분명히 가르쳐야 한다'는 것이고, 우리에게 이 점이 부족하다는 것에는 별다른 이의가 없을 것 같습니다.

다음에는 체벌에 관한 프랑스 부모들의 자녀양육법에 대해서 살펴보겠습니다.

학교 교육현장에 근무하는 교사들의 이야기를 들어보면 학생(아동)들의 문제행동을 보고도 못 본 척하는 경우가 있다고 고백하는 말을 듣곤 합니다.

왜냐하면 문제학생을 잘 가르치려다 오히려 어려움을 당하게 될까봐 그렇다고 합니다.

알기 쉽게 말하면, 세월호 참사 이후에 있었던 대리기사 폭행 사건과 같은 경우와 비슷한 것입니다. 폭행당하는 대리기사를 못 본 척 하고 지나갔으면 좋았을 걸 공연스레 끼어들어 골치 아프다는 것과 비슷한 사례입니다.

학교의 교사들이 학생(아동)들의 비행을 방관한다는 것을 문제점으로 지적했는데 반해, '자녀를 가르치는 데 칭찬과 보상은 기본이고 때에 따라서는 처벌도 아끼지 않는다'는 것이 프랑스 부모들의 가정교육의 원칙이라는 것에 우리는 주목해야 합니다.

감정적인 처벌은 물론 삼가야 하지만 옳고 그름을 분명하고 확실하게 지적해주어야 합니다. 식당에서 아이들이 돌아다니며 장난을 치는 행동을 그냥 두고 보는 부모들은 분명히 문제가 있습니다.

예전과 달리 자녀를 한두 명 둔 가정이 증가하다 보니 많은 문제점이 일어나고 있습니다. 지나치게 허용적인 양육방법이나 지나치게 과보호하는 양육방법은 문제가 있습니다.

따라서 옳고 그름을 분명하게 지적해 주는 가정교육이 반드시 필요합니다.

우리나라는 출세지향형의 교육이 강하고 예절법도는 별로 중요하지 않다고 생각하는 경향입니다. 또한 무교육, 비교육, 반교육의 문제도 지적하지 않을 수 없습니다.

사람답게 살기 위해서는 예절법도는 선택의 문제가 아니라, 분명히 말해 필수적이라는 것입니다. 예절교육은 백 번 강조해도 지나치지 않은 것입니다.

결론적으로 '해야 할 것과 하지 말아야 할 것을 분명히 가르쳐라' '옳고 그름을 분명히 가르쳐라' '칭찬과 보상은 기본이고 때에 따라서는 처벌도 필요하다'는 것을 주목해 주시기 바랍니다.

또한 우리의 현실인 지나치게 허용적인 양육방법이나 지나치게 과보호적인 교육방법은 분명히 문제가 있고 자녀를 그릇된 방향으로 인도할 가능성이 높다는 것을 명심해야 할 것입니다.

자녀에게 지구력과 독립심을 길러주는 일과 한석봉의 어머니와 같은 냉철함과 자녀들이 부모의 사랑을 진심으로 느낄 수 있도록 하는 것이 현명한 부모일 것입니다.

예의를 갖춘 사람 되기

등한시되어 온 예절교육은 더 늦기 전에 체계적인 가정지도가 이루어져야 합니다. 바른 예절교육이 저절로 이루어지길 바란다면 그것은 욕심에 불과할 것입니다.

바른 예절을 실천하는 사람은 바른 인간성과 인격을 갖춘 사람으로 성장하게 됩니다. 작은 일들이 쌓여 습관이 되고 습관이 쌓이면 높은 인격을 갖추게 되겠지요. 작은 행동이라도 관심을 가지고 하나하나 지도하여 예절바른 사람을 만들어야 합니다.

지나치게 허용적인 양육방법이나 지나치게 과보호적인 방법이 과연 좋은 교육방법일까요?

해야 할 것과 하지 말아야 할 것을 명확히 가르치고 지구력과 독립심을 길러주며 한석봉의 어머니와 같은 냉철함과 너그러운 사랑을 베푸는 부모가 현명한 부모일 것입니다.

탐구하기1

명이 엄마의 예의교육

일곱 살 된 명이 엄마의 교육방식을 살펴볼까요.

집에 손님이 왔는데, 명이가 존댓말을 하지 않았다. 그러나 현명한 엄마는 사람들 앞에서 아이를 나무라지 않는다. 다른 이들 앞에서 아이를 야단치는 것은 그 자체가 예의 없는 행동이다. 아이의 감정을 상하게 하거나 반발심만 유발할 뿐이다. 엄마는 명이의 잘못을 기억하고 있다가 손님이 돌아가자 명이를 불러 부드럽게 말했다.

"명아, 손님이 아까 명이한테 선물 줄 때 그냥 받기만 하고 아무 말도 안 하더라. 명이 선물 받으니까 좋았지? 그러면 손님한테 '감사합니다'라고 인사했어야지, 안 그래?"

명이는 뭔가 깨달은 듯한 표정을 지었다.

"아, 맞다! 엄마, 깜빡했어요. 다음부터는 안 그러겠습니다."

이렇게 아이들을 일깨워줌으로써 자신의 잘못을 깨닫게 해야 한다.

비슷한 경우, 다른 엄마의 교육 방식을 살펴보자. 이 엄마는 네 살 된 아이가 선물을 받고 인사를 안 하자 그 자리에서 웃으며 타일렀다.

"우리 경태가 뭔가 잊은 것 같은데……."

경태가 엄마의 뜻을 알아듣지 못하자, 엄마는 손님에게 말했다.

"우리 경태한테 선물을 주셔서 감사합니다. 제가 경태를 대신해서 인사드릴게요."

경태는 엄마의 말을 듣고 자기가 아직 인사하지 않았다는 것을 깨달았다. 그제야 부끄러운 듯 조그마한 소리로 말했다.

"감사합니다."

(탕웨이홍·추이화팡 저, 전인경 역, 『아이의 인생을 결정하는 36가지 습관』, 럭스미디어, 2006)

어린 아이에게 예의를 가르치는 엄마의 모법된 교육방법입니다. 손님 앞에서 아이를 야단치지도 않고 부모 스스로 아이에게 예의를 지키면서 예의범절을 가르치는 좋은 예입니다.

가족 간에도 서로 부드러운 말과 예의를 지키는 것은 자연스럽게 알게 모르게(잠재적 교육이라고 함) 예의범절을 자식이 배우게 되는 것입니다.

탐구하기2

딱 3분 걸렸어요

초등학교 3학년 도덕 교과서를 보면 '딱 3분 걸렸어요'라는 재미있는 이야기가 나옵니다.

귀엽고 사랑스러운 3남매를 키우는 어머니는 선물을 받으면 고마워할 줄 아는 마음을 길러주고 싶었습니다.

어느날 고모에게서 3남매 모두에게 귀중한 선물이 도착하였습니다. 아이들은 반가워 하고 무척 좋아하면서도 어느 녀석 하나 고맙다는 인사를 하려고 하지는 않았습니다.

며칠 후 어머니는 3남매와 함께 박사학위를 받는 삼촌에게 줄 선물을 사러 갔습니다. 집에서 백화점까지 걸어가서 무엇을 살지 고심하고 선물을 포장하여 우편으로 발송하는 등, 선물을 하는 데 걸린 시간이 족히 3시간은 되었습니다. 아이들은 짜증을 억지로 참고 있는 표정이었습니다.

"너희들에게 선물을 보내준 고모에게 고맙다는 인사를 해야 되지 않을까?"

아이들은 바로 고모에게 전화를 걸었습니다. 아이들은 고모가 '너희들은 인사도 잘하는구나'하고 예의 바르다며 칭찬까지 해주셨다고 좋아하였습니다.

어머니는 차분한 어조로 타일렀습니다.

"선물을 준비하는 데는 3시간이나 걸렸는데, 너희가 선물을 잘 받았다고 인사하는 데는 3분밖에 안 걸렸구나. 앞으로 선물을 받으면 바로 고맙다는 인사를 하는 게 좋겠구나."

아이들은 그렇게 하겠다고 서로 약속하였습니다.

대부분의 사람들은 자기가 보낸 선물은 받았는지 소식을 기다리면서 자기가 받은 선물에 대해 감사를 전하는 것은 소홀히 하는 경향입니다.

이 3남매의 어머니가 가르친 선물에 대한 감사의 인사를 하는 인간관계는 참 훌륭하네요.

실천하기·마음의 양식

○ 프랑스 사람과 같이 식사시간에는 TV를 보지 않고 식사가 끝날 때까지 자리를 지키며 식탁을 떠나 돌아다니지 않고 식사시간만이라도 부모와 자녀가 대화를 나누면 어떨까요? 자녀의 인내심, 자제력도 키울 수 있겠네요.

○ 교만은 배고픔, 갈증, 추위보다 무서운 것이다.(제퍼슨의 생활 10계명) 겸손과 예의의 중요성을 인식하고 평상시 힘써야 합니다.

○ 뛰어난 능력의 소유자라 할지라도 예절을 갖추지 못하면 인생에서 성공 가능성이 아주 적습니다. 바람직한 예절, 다른 사람에 대한 정성·배려가 그 사람을 성공의 길로 인도합니다.

○ 사람이 교만하면 낮아지게 되겠고 마음이 겸손하면 영예를 얻으리라.(잠언 29:23)

2

배려(配慮)하는 사람

배려·공감이란 무엇인가?

배려(consideration)는 염려해 주는 것, 여러모로 자상하게 마음을 써 주는 것을 말합니다.

배려에는 공감이 따르는데, 공감(empathy)이란 남의 생각이나 의견·감정 등이 자기도 그러하다고 느끼는 것을 말합니다. 예를 들면, 친구의 아버지가 돌아가셨을 때에 당사자인 친구의 슬픔에 비해 자신의 슬픔은 친구만큼 크지는 않겠지요. 하지만 친구만큼 가슴 아파하는 것이 바로 공감정입니다.

배려라 하는 것은 상대방의 처지와 감정을 이해하는 공감정을 갖는 것입니다. 타인의 감정을 존중하고 그들의 필요를 고려하는 것이 바로 배려의 핵심입니다.

그리고 배려의 연장선상에 있는 것이 관용으로 서로 다른 점을 용납하고 받아들이는 것입니다.

'배려'는 사랑하고 사랑받고 싶은 인간의 본능적 욕구에 속한다. 우리는 태어날 때부터 세상을 등질 때까지 존경받기를 원하며, 모든 삶 속에서 자신의 가치가 살아 숨 쉬길 원한다. 한편, '배려'가 성공한 사람들의 공통적 습관 중 하나라는 점이 사람들에게서 점차 설득력을 얻고 있다. 이는 '배려'가 사람의 마음을 움직이고 세상을 바꾸는 원동력이라는 점을 새롭게 일깨우는 징표인 것이다.(지동직, 『배려의 기술』, 북스토리, 2006)

배려는 사랑하는 마음의 문을 여는 열쇠입니다. 굳게 닫힌 사람의 마음을 여는 열쇠를 가진 사람이야 말로 공감하는 마음을 아는 사람이고 처세술에 능한 사람임이 틀림없습니다.

이 열쇠를 사용하는 기술을 하나하나 터득하는 것이 좋지 않을까요?

생각 열기

관심과 배려

어느 추운 겨울이었다. 여섯 살 되어 보이는 아이가 길가에서 울고 있었다. 많은 사람들이 오갔지만 다들 갈 길을 재촉할 뿐 아이에게 관심을 기울이는 사람은 없었다.

그때 어떤 아주머니 한 분이 다가와 그 아이를 달래 근처에 있는 음식점으로 데려갔다. 따뜻한 곳에서 몸을 녹이고 음식을 허겁지겁 먹은 아이는 그제서야 길을 잃었다며 또 다시 울먹거렸다. 아주머니는 아이와 차근차근 이야기하면서 편안한 분위기를 만들어 주었고, 아이는 곧 부모님의 연락처를 기억해냈다.

아이를 찾게 된 부부는 그 아주머니께 끝없이 감사를 드렸다. 아주머니는 미소 지으며 이렇게 말했다.

"저도 두 아이의 엄마랍니다. 제 아이가 길을 잃고 추위에 떨고 있는 모습을 상상하면, 생각만 해도 가슴이 아픈 걸요."

이처럼 다른 사람에게 관심을 기울임으로써 우리는 남을 배려할 수 있습니다.

배려는 상대방을 동정하고 안쓰럽게 생각하는 것이 아닙니다. 또 나보다 형편이 어려운 이웃을 위하는 것만도 아닙니다. 두 손으로 짐을 들고 오는 사람을 위해 출입문을 잡아주는 일, 지하철이나 버스에서 노약자에게 자리를 양보하는 일, 나와 눈이 마주친 사람에게 상냥하게 인사하고 친절하게 대하는 일처럼 사소한 일도 모두 배려입니다.

관심과 배려는 타인을 생각하는 따뜻한 마음에서 나옵니다. 이러한 마음은 다른 사람을 도울 수 있는 원동력이 됩니다. 성경에서는 다른 사람을 도울 때 오른손이 하는 일을 왼손이 모르게 하라는 말씀이 있습니다. 즉, 어떤 보상을 바라는 마음이 아니라 타인을 존중하는 마음으로 다른 사람을 도울 때 진정한 의미가 있다는 것입니다.

(윤건영 외 11인, 『중학교 도덕 2』, 금성출판사, 2013)

배려하는 사람 되기

탐구하기 1

작은 배려로 세워진 아스토리아 호텔

비바람이 몹시 몰아치던 어느 늦은 밤, 미국 필라델피아 호텔에 중년 부부 손님이 찾아왔다. 그러나 그날은 주말이라 예약손님만으로도 방이 모두 찬 상태였다.

"손님 정말 죄송합니다. 오늘은 손님들께서 많이 오셔서 빈방이 없군요."

친절히 호텔 객실상황을 설명하는 젊은이에게 중년 부부는 늦은 밤이라 어딜 가더라도 마찬가지일 거라며 난감한 표정을 지었다. 비에 젖은 외투며, 손에 든 여행용 가방이 더욱 무거워 보이는 중년 부부를 보자 이 젊은이는 "누추하지만 제가 쓰는 방이라도 괜찮으시다면 사용하셔도 됩니다."라고 공손히 말했다.

손님은 그 젊은이의 따뜻한 배려 덕에 그날 밤 편안히 잠을 청할 수 있었다.

다음날 아침 중년부부는 호텔을 떠나면서 작별인사를 하는 젊은이에게, "당신은 참으로 친절하군요. 일급 호텔의 경영주가 될 수도 있겠어요."하고 진심 어린 칭찬을 아끼지 않았다.

"아닙니다. 무슨 말씀을, 저는 다만 제가 할 일을 했을 뿐입니다. 다음에 또 오시면 그때는 꼭 좋은 방으로 모시겠습니다."

그로부터 2년 후, 그 청년은 생각지도 않은 한 통의 편지를 받게 되었다. 그 봉투 안에는 뉴욕행 비행기 표도 함께 들어 있었다.

"나는 2년 전 비바람이 몹시 불던 밤, 아내와 같이 젊은이 방에서 자고 갔던 사람이오. 당신의 친절을 잊지 못해서 여기 뉴욕에 아주 멋지고 큰 호텔을 새로 지어놓고 당신을 기다리고 있으니 부디 와서 이 호텔의 경영을 맡아주오. 뉴욕까지 오는 비행기 표도 이 편지봉투에 함께 넣었소."

지금의 뉴욕 아스토리아 호텔은 이렇게 해서 세워졌다.

(지동직, 『배려의 기술』, 북스토리, 2006)

"누추하지만 제가 쓰는 방이라도 괜찮으시다면 사용하셔도 됩니다."라는 젊은이의 배려는 아스토리아 호텔의 경영자로 이끌었습니다. 배려의 힘은 참으로 대단합니다.

탐구하기2

평생을 함께 하고 싶은 사람

결혼한 사람들에게 상대를 배우자로 택하게 된 동기를 물어보면, 많은 사람들이 배우자의 자상한 배려 때문이라고 한다.

실제로 결혼정보회사 비에나래가 미혼 남녀 446명을 대상으로 조사한 결과에서도 결혼 적령기의 미혼 남녀들은 자상한 남자와 여성스러운 여자를 가장 선호하는 것으로 나타났다.

여성은 남성의 '자상함'을 최고로 뽑았으며, 근면·성실, 책임감, 시원시원함, 강인함 등이 그 뒤를 이었다. 남성은 여성의 여성스러움, 상냥함, 발랄함, 차분함, 근면·성실 순으로 선호도를 나타냈다. 자상함을 나타내는 것은 두말할 필요 없이 배려심이며, 여성의 여성스러움에도 배려가 가지는 부드러움이나 사소한 것을 챙겨주는 것 등이 내포되어 있고, 상냥함도 배려의 특징이기는 매한가지다.

이렇듯 우리는 평생을 같이할 수 있는 사람으로, 그리고 인생에서 가장 중요한 사람의 조건으로 자상함, 배려심이 있는 사람을 원하는 것이다.

(지동직, 『배려의 기술』, 북스토리, 2006)

여성들이 뽑은 남성의 자상함, 남자들은 여성의 여성스러움을 선택한 것은 바로 배려를 선택했다는 것입니다. 사람들이 선택한 배려가 중요하다는 것을 알지만 일상생활에서 이루어지는 경우는 미약합니다.

눈앞에 있는 자신의 이익에만 집착하지 말고, 양보다 자발적 희생 같은 이타적 행동이 긍정적 결과를 가져오는 경우가 많다는 것을 알아야 합니다.

배려는 자신과 타인을 서로 발전시킨다는 것을 터득하고 실천하기를 권합니다.

실천하기·마음의 양식

○ 배려하고 공감정을 실천하는 부모의 평소 생활 만큼 좋은 스승은 없을 것입니다.

○ 처지를 바꾸어 생각하는 역지사지(易地思之)를 몸소 실천해 보도록 노력하고 자녀의 그런 행동을 발견하면 칭찬을 아끼지 말아야 합니다.

○ 이 세상에 똑같은 사람은 없습니다. 생각도 다르고 능력과 소질도 다릅니다. 서로 다른 것이 나쁜 것이 아니라는 사실을 잘 이해하고 상대방을 배려하는 생활을 권장합시다.

○ 우리가 상대방을 배려할 경우 그들은 자신이 우리에게 소중한 존재임을 알게 될 것이고, 서로 배려하는 사이에는 말이 없어도 이해하게 될 것입니다.

○ 너그럽게 용서하는 관용은 사회를 밝게 하고 개인의 인격을 높여줄 것입니다.

○ 환자들은 특히 상대방의 배려에 민감합니다. 위로와 배려를 잊지 말아야 합니다.

○ 이웃을 업신여기는 자는 죄를 범하는 자요, 빈곤한 자를 불쌍히 여기는 자 복이 있는 자니라.(잠언 14:21)

3

공중도덕(公衆道德)을 생활화하는 사람

공중도덕이란 무엇인가?

공중도덕이란 공중의 복리를 위하여 서로 지켜야 할 덕목을 말합니다. 선진국 국민들은 질서를 존중하며 잘 지키고 어떠한 돌발상황에서도 흐트러짐 없는 질서의식을 보여줍니다.

지진해일(쓰나미)이 있을 때 보여준 일본 국민의 질서생활, 9·11 테러사건 때 보여준 미국 국민의 질서생활 등을 우리는 보았습니다.

선진국에 비해 우리의 질서생활은 부끄러운 면이 있습니다. 이러한 부끄러운 것은 원칙보다는 변칙을, 정직보다는 거짓을, 노력보다는 요령을 앞세워 공동생활의 질서를 깨트리면서 발생되는 것입니다.

공중도덕과 질서를 잘 지키려는 것은 남을 배려하고 함께 살아가는 사람들 사이에서 발생하는 혼란과 갈등을 없애는 공동체의 약속입니다.

공중도덕과 질서를 잘 지키려는 자세는 명랑한 사회를 건설하고 공중생활을 편리하게 하는 데 도움을 주는 것입니다.

생각 열기 1

일본의 공중도덕

우리나라에서 올림픽이 있었던 1988년에 일본을 방문한 적이 있었습니다.

도쿄의 한 마트에서 충격적인 일을 겪었습니다. 26년이 지난 현재도 생생하게 생각이 나는 사건입니다.

마트에서 무심코 담배를 피우는데 주인이 정색을 하며 "노, 스모킹. 노, 스모킹."하는 것이었습니다.

26년 전 그 당시에는 우리나라에서는 거리나 상점에서 담배를 피우는 것은 흔한 일로 이상한 일이 아닌 자연스러운 일이었는데 일본에서는 전혀 있을 수 없는 일이었다고 합니다. 경제 선진국이었던 일본에서는 거리의 교통질서나 모든 공중도덕도 이미 선진국이 되어 있었던 것을 보고 놀란 적이 있습니다.

WHO
ARE
YOU

생각 열기 2

처칠과 경찰관

(노영준 외 7인, 『중학교 도덕 2』, 두산동아, 2014)

영국의 처칠 수상이 국회에서 연설을 하기 위해 가는 길에 시간이 늦었다. 그가 탄 차는 과속하다가 교통경찰에게 적발되었다. 경찰관이 차를 세우자 운전기사는,

"이봐, 뒷좌석에 타신 분이 처칠 수상이신데, 연설 시간이 늦어서 속도를 조금 냈으니 이해해 주시오."

라고 말하며 그냥 보내 줄 것을 부탁했다.

그러자 경찰은 뒷좌석을 힐끗 쳐다보고는,

"예, 얼굴은 수상 각하와 비슷합니다만, 법을 지키지 않는 것으로 봐서 우리 수상님과 비슷하지 않습니다. 거짓말하지 말고 어서 운전면허증을 제시하십시오. 내일 아침 9시까지 경찰서에 나와 속도위반 죄와 거짓말 죄를 추가해서 즉심을 받으십시오."

라고 말하며 교통 위반 스티커를 발부하였다.

이 광경을 지켜보면서 감동을 받은 처칠은 그날 경시 총감을 불러 자초지종을 이야기한 후 모범적인 경찰을 찾아 특진시키라고 지시했다.

그러나 경시 총감은,

"그것은 경찰의 당연한 의무이며, 과속 차량을 적발했다고 해서 특진시키라는 규정은 없습니다."

라며 수상의 명령을 거절하였다.

(강원도민일보, 2009. 10. 15.)

공중도덕을 생활화하는 사람 되기

탐구하기

질서로 지킨 생명

승객들을 태운 비행기가 공항으로 들어오고 있습니다. 비행기가 공항에 거의 다다랐을 때, 안내 방송이 들렸습니다.

"승객 여러분, 대단히 죄송합니다. 기계 이상으로 공항 외곽에 비상 착륙을 시도하겠습니다. 승객 여러분께서는 당황하지 마시고 안전띠를 맨 상태에서 승무원의 지시를 따라 주시기 바랍니다."

안내 방송이 끝나자 승객들은 웅성거리기 시작하였습니다.

이윽고 비행기는 비상 착륙을 하였습니다. 비행기 기장의 안내 방송이 이어졌습니다.

"승객 여러분, 승무원들이 안내하는 출구로 신속히 대피하여 주시기 바랍니다."

승객들은 너도나도 안전띠를 풀고 한꺼번에 움직이기 시작하

였습니다.

"여러분, 이렇게 움직이시면 아무도 나갈 수 없으니 질서를 지켜주세요!"

승무원의 다급한 목소리가 이어졌습니다. 그때 승객들 속에서 이런 외침이 들렸습니다.

"질서! 질서! 질서!"

승객들은 모두 한 목소리로 질서를 외치면서 침착하게 줄을 서기 시작하였고, 모두 무사히 비행기를 빠져나왔습니다. 곧 구조대가 왔고, 크게 다친 사람 없이 모두 구조되었습니다.

(교육부, 『초등도덕 3』, 천재교육, 2014)

위와 같은 사고는 누구에게나 일어날 수 있는 일입니다. 평상시에 우리가 지키는 질서생활이야 말로 무척 중요하다는 것을 알고 반드시 실천해야 하겠습니다.

실천하기·마음의 양식

○ 공중도덕의 생활화는 부모의 평소 생활만큼 좋은 스승은 없을 것입니다.

○ 함께 살아가는 공동체에서 원칙보다 변칙을, 정직보다는 거짓을, 노력보다는 요령을 앞세우는 것이 문제입니다. 잘못을 인식하고 올바른 공동생활이 이루어져야 합니다.
자신의 이익을 앞세우는 것보다 남에게 폐를 끼치지 않는 태도를 갖도록 노력해야 합니다.

사회를 지탱해주는 힘에는 자신이 질서생활에 앞장서고 자신이 속한 공동체에 피해를 주지 않겠다는 자세가 무엇보다 필요합니다.

○ 우리 모두가 선진국민으로 반드시 지켜야 할 질서생활 몇 가지를 정리하겠습니다.
- 공원, 극장, 도서관, 경기장 등 공공장소에서 남에게 방해되는(폐가 되는) 행동을 하지 말자.
- 공공시설물을 아껴쓰자.
- 교통질서를 지키자.
- 서로 먼저 양보하자.
- 줄 서서 기다리자.

– 승하차 질서를 지키자.

– 상거래·행락 질서를 지키자.

○ 너희는 재판할 때나 길이나 무게나 양을 잴 때 불의를 행하지 말고 공평한 저울과 공평한 추와 공평한 에바*와 공평한 힌**을 사용하라. 나는 너희를 인도하여 애굽 땅에서 나오게 한 너의 하나님 여호와이니라.(레위기 19:35~36)

* '바구니'란 뜻으로 바구니에 넣은 곡물, 가루 등의 고체나 물, 기름 등의 액체를 측정하는 단위. 1에바는 22ℓ 분량이다.

** '항아리'란 뜻으로 액체의 부피를 재는 단위. 에바의 1/6 분량이다.

4

존중(尊重)하는 사람

존중이란 무엇인가?

존중이란 소중하게 여겨 받드는 것, 사람을 귀하게 여기고 그들의 권리를 소중히 대하는 태도를 말합니다. 남녀노소를 불문하고 모든 사람은 존엄성이 있으며 존중받을 가치가 있고, 또한 학교의 규칙을 존중하고 자신이 자기를 존중하는 것도 당연한 것입니다.

"모든 국민은 인간으로서의 존엄과 가치를 가지며 행복을 추구할 권리를 가진다."라고 하여 사람은 존엄한 존재로 당연히 존중받아야 한다고 헌법에 명시되어 있습니다.

조부모, 부모, 스승과 같은 연장자를 존중하는 것은 중요한 일입니다. 내가 나의 부모를 존중하듯이 남의 부모를 존중해야 남도 나의 부모를 존중하게 되겠지요. 이것이 바로 경입니다. 웃어른에 대한 존중이 없으면 이 사회는 어떻게 될까요? 상상만 해도 끔찍합니다.

규칙이나 법을 존중하지 않으면 가정이나 사회는 큰 혼란에 빠지게 될 것이고 모든 사람이 교통법규를 존중하지 않고 위반하게 되면 어떻게 될까 상상해보세요.

규칙이나 법을 잘 지키고 타인을 존중하며 자신이 존중받는 사회가 형성되어야 편안하고 살맛나는 사회가 되겠지요.

생각 열기

타인 존중

(윤건영 외 11인, 『중학교 도덕 2』, 금성출판사, 2013)

옛날에 박상길이라는 백정이 장터에 푸줏간을 냈다. 어느 날 양반 둘이 와서 고기를 주문했다.

그 중 한 사람이 먼저,

"얘, 상길아! 쇠고기 한 근 다오."

하고 말하자, 함께 온 다른 양반도,

"박 서방, 나도 쇠고기 한 근 주시게."

하고 말했다.

잠시 후, 고기를 건네 받고 보니 먼저 자른 것보다 나중에 자른 것이 훨씬 컸다. 먼저 주문한 양반이 벌컥 화를 냈다.

"이놈아, 똑같은 한 근인데 어째서 이렇게 차이가 나느냐?"

그러자 푸줏간 주인은 다음과 같이 말했다.

"예, 앞의 고기는 상길이가 잘랐고, 뒤의 것은 박 서방이 잘라

서 그렇답니다."

(이민규, 『자기 긍정의 힘』, 원앤원북스, 2003)

자기존중과 타인존중은 상호보완적인 관계입니다. 우리는 자신의 소중함을 깨달음으로써 타인을 존중할 수 있고, 타인을 존중함으로써 자아존중감을 높일 수 있습니다.

그러므로 도덕적으로 살아가기 위해 자신을 소중히 여기고, 타인을 존중하는 자세를 지녀야 합니다.

존중하는 사람 되기

탐구하기

남수단의 슈바이처

이태석 신부는 고등학교를 졸업하고 의과대학에 진학하여 의사가 되었습니다. 의사가 된 후 평생을 가난한 아이들을 위해 헌신한 요한 보스코 신부의 삶에 큰 감명을 받고 이태석 의사는 자신도 요한 보스코와 같은 삶을 살겠다고 결심하였습니다.

그래서 신학을 공부하여 신부가 되었습니다. 이태석 신부의 형님 역시 신부의 길을 걷고 있었습니다. 신부가 된 이태석 사제는 아프리카 남수단의 살레시오 수도원을 희망하였고, 희망 대로 그곳으로 파견되었습니다.

하루에 한 끼도 제대로 먹기 힘든 가난한 남수단 사람들의 생활은 너무도 비참했습니다. 진료소에서 수백 명의 환자를 진료하고 인근 마을을 순회하며 진료와 예방접종을 하였습니다. 뿐만 아니라, 학교를 설립하여 아이들을 가르치고 밴드부를 조직하여 음악도 열심히 가르쳤습니다.

이 굶주린 사람들을 위해 교육과 의료사업으로 몸은 무척 바쁘고 고되었지만, 마음만은 활기차고 신나는 이태석 신부였습니다.

이태석 신부가 대장암 말기 선고를 받은 것은 휴가차 한국에 왔을 때 수척해진 그의 모습을 보고 종합검진을 받아보라는 권유에 못 이겨 병원에 갔다가였다고 합니다.

신부가 아니라 의사로서 좀 편하게 살라고 애원하시던 어머니에게 대장암이라는 사실을 끝내 말씀드리지 못한 이태석 신부는 침대에 눕고서야 어머니가 알게 되었습니다. 결국 어머니를 세상에 홀로 남겨두고 47세의 나이로 세상을 떠나고 말았습니다.

'남수단의 슈바이처'로 불렸던 이태석 신부의 일생은 참으로 숭고한 삶이었습니다. 가난한 사람들을 지극히 사랑한 훌륭한 의사이자 성직자였습니다. 이태석 신부는 자신이 이상적이라고 생각한 요한 보스코 신부를 삶의 목표로 삼고 최선을 다했습니다.

이상적인 인간상을 실현하기 위해서는 삶의 목표를 정하고 정성을 다하는 성실한 자세로 사랑과 나눔을 실천하는 노력이 반드시 필요하다는 것을 우리는 요한 보스코 신부나 이태석 신부를 보고 배울 수 있습니다.

실천하기·마음의 양식

○ 존중·존경하는 부모의 평소 생활만큼 좋은 스승은 없습니다.

○ 존중이나 존경심을 배우는 가장 좋은 방법은 타인이 자신에게 대접해 주기를 원하는 것 같이 남을 대접해주는 일입니다. 바로 역지사지(입장 바꿔 생각하기)입니다.

○ 대화 중에 상대방이 딴 짓을 하거나 시선을 엉뚱한 곳에 두면 무척 기분 나쁜 것을 경험해 보았을 것입니다. 상대방과 부드럽게 눈을 마주하는 게 예의이고 상대방을 존중하는 태도라는 것을 잊지 말아야 합니다.

○ 어른들은 어린이를 대할 때 별 관심 없이 마구 대하는 경향이 있는데 아주 잘못된 것입니다. 어린이도 어른들과 똑같은 권리의 소유자로 인격적인 대우를 하는 것이 당연합니다.

○ 자신을 존중하는 것은 타인 존중을 바탕으로 가정에서 배우게 되고 자신이 배운 존중은 다른 사람들을 존중하는 출발점이 되는 것을 잊어서는 안 됩니다. 인간의 존엄성을 바탕으로 하는 존중이나 존경이야 말로 이 사회를 살기 좋게 만드는 데 큰 역할을 할 것입니다.

○ 아내를 진정으로 사랑하려면 먼저 아내를 존중하고 존경하는 게 바탕이 되어야 합니다. 자식을 사랑하겠지만 존중이 바탕이 된다면 더욱 멋진 사랑이 됩니다.

○ 가난한 사람을 학대하는 자는 그를 지으신 이를 멸시하는 자요, 궁핍한 사람을 불쌍히 여기는 자는 주를 공경하는 자니라.(잠언 14:31)

○ 가난한 자를 조롱하는 자는 그를 지으신 주를 멸시하는 자요, 사람의 재앙을 기뻐하는 자는 형벌을 면하지 못할 자니라.(잠언 17:5)

5

협동(協同)하는 사람

협동이란 무엇인가?

협동의 사전적 정의는 두 사람 이상의 사람 또는 둘 이상의 단체가 서로 마음과 힘을 모아 함께 한다는 뜻입니다. 오스벨(David P. Ausbel, 1978)은 협동이란 개개인이 어떤 공동목표를 달성하기 위해 다른 사람들과 공동활동을 하는 집단지향적 활동이라고 하였습니다.

이러한 정의에서 보면 협동은 공동목표가 있어야 하고 또한 두 사람 이상의 공동활동이라는 두 가지 요소가 있어야 함을 알 수 있습니다.

이러한 협동은 인간생활에서 없어서는 안 될 본질적인 것입니다. 협동은 그 사회와 문화를 존립시키고 유지·발전시키는 필수적인 요소이며 기초입니다. 협동은 구성원들의 협동적 상호작용에 따라 단순한 개인의 집합 이상의 어떤 힘을 나타내는 특징이 있습니다.

협동은 인간이 태어날 때부터 지니고 있는 성향이라고 학자들은 말합니다. 인간은 '사회적 동물'이라고 하는 말은 인간의 삶에서 협동의 중요성을 가장 잘 표현한 말일 것입니다.

협동의 풍속은 우리 조상들이 가까운 이웃끼리 서로 돕고 감사하는 생활을 하는 가운데 형성되었고, 향약, 계, 두레, 품앗이가 바로 이런 생활 풍속의 대표적인 예라 할 수 있습니다.

○ 향약 – 조선시대에 권선징악과 상부상조를 목적으로 형성되었던 향촌의 자치규약임. 퇴계의 예안향약, 율곡의 서원향약, 해주향약 등이 있고 전국적으로 향약을 두지 않은 마을이 없을 정도로 많이 생겨남.

○ 계(契) – 예부터 내려온 것으로 서로 협조하는 조직의 하나로 상호부조를 목적으로 함.

○ 두레 – 옛날 농촌에서 농번기에 서로 협력하여 공동작업을 위해 만든 조직으로 우두머리를 좌상이라고 함.

○ 품앗이 – 옛날 농촌에서 일 할 때에 1 대 1의 노동교환방식을 말함.

위와 같이 우리 민족은 상부상조하며 살아온 인간적인 정이 많은 민족이었습니다. 그러나 8·15해방 이후 서구의 물질주의 문화가 쏟아져 들어왔고 경제적인 발전과 개인주의의 팽배로 옆집에 누가 사는지조차 모르고 사는 경향으로 상부상조와 협동은 찾아보기 힘든 현실이 되었습니다.

생각 열기

열차를 움직인 모두의 힘

(교육부, 『초등도덕 4』, 천재교육, 2014)

2003년 10월 13일, 서울 지하철 신당역에서 승강장과 열차 사이에 한 남자의 몸이 끼이는 사고가 발생하였습니다. 이를 지켜보던 많은 사람들은 어쩔 줄 몰라 하며 허둥거리기만 할 뿐이었습니다.

이때 한 아저씨가 그 남자를 구하기 위해 열차를 밀었습니다. 그러자 아주머니 한 분이 그 아저씨를 도와 열차를 밀기 시작하였고, 이를 본 중학생 한 명도 달려와 열차를 밀었습니다. 그제야 이들의 모습을 지켜보던 많은 사람들이 우르르 몰려들어 다 함께 열차를 밀기 시작하였습니다.

마침내 열차가 옆으로 기우뚱하며 틈이 벌어졌고, 열차와 승강장 사이에 끼어 있던 남자를 끌어올려 구할 수 있었습니다.

맨 처음 아저씨 혼자서 열차를 미는 것은 무모해 보였습니다. 하지만 아주머니 한 분, 그 다음 중학생이 나섰고 그 뒤를 따라 사람들이 힘을 합하면서 무모하다고 생각했던 일을 기적적으로 해냈습니다.

사고를 당한 남자를 구하라고 강요한 사람은 아무도 없었지만 사람들은 자연스럽게 사고가 난 남자를 구하고 싶다는 하나의 목표를 가졌고, 이것이 그 열차를 움직인 힘이 되었습니다.

이는 소중한 생명을 구하기 위해 자발적으로 협동하여 좋은 결실을 맺은 훈훈한 사례라고 할 수 있습니다.

(EBS지식채널, 〈세상을 움직인 모두의 힘〉, 2005)

협동하는 사람 되기

조선시대의 향약은 향촌의 형태가 마을단위로 공동체 생활을 하였기 때문에 어려운 일을 당하였을 때에 단결하여 서로 도와주는 풍습이 있었습니다.

향약은 이러한 전통적 공동조직과 미풍약속을 계승하면서 여기에 삼강오륜을 중심으로 한 유교윤리를 가미하여 교화 및 질서유지에 더욱 알맞도록 구성된 것입니다.

향약은 조선사회의 풍속교화에 많은 역할을 하였는데, 권선징악과 상부상조의 정신을 실천하기 위한 자치규약입니다. 향약의 4대강령을 보면 다음과 같습니다.

○ 덕업상권(德業相勸) – 덕스러운 일을 서로 권함
○ 과실상규(過失相規) – 잘못된 일을 서로 고쳐줌
○ 예속상교(禮俗相交) – 예의바른 습속을 지키며 서로 사귐
○ 환난상휼(患難相恤) – 환난을 당했을 때 서로 구제함

위와 같은 향약의 정신은 오늘날 우리가 지향하는 복지사회의 한 모습입니다. 따라서 향약의 정신을 계승·발전시키는 것이 중요합니다.

협동은 인간 생활에서 없어서는 안 될 본질적인 것으로 사회와 문화를 존립시키고 유지·발전시키는 필수적인 요소라고 한다면 다음과 같이 변화하는 것이 바람직할 것입니다.

상대를 경쟁의 대상이 아닌 파트너로 바라보고 협동을 통해 얻을 수 있는 배움과 즐거움을 값지게 여겨야 합니다.

탐구하기1

손가락의 일

한 초등학교 선생님은 학생에게 화합의 중요성을 가르치기 위해 특별히 흥미 있는 시간을 마련했다. 수업 시간에 한 학생을 교단으로 불러 손을 내밀게 한 뒤 각 손가락의 장점과 단점을 말하게 했다,

"엄지는 다른 사람을 칭찬할 때 쓰고요, 검지는 사물을 가리킬 때 써요. 약지는 고리를 만들어 물건을 들 수 있고요, 중지는 …."

학생이 말을 마치기도 전에 자리에 앉아 있던 학생들이 개구리처럼 와글와글 대답을 해댔다.

이때 선생님은 미소를 지으면서 유리컵을 꺼냈다. 유리컵 안에는 유리구슬 몇 개가 들어있었다.

"이제부터 여러분은 유리컵 속의 구슬을 꺼내야 해요. 모두 한 번의 기회밖에 없습니다. 자신이 가장 뛰어나다고 생각하는 손가락으로 구슬을 꺼내보세요! 단, 손가락 하나만 사용해야 한

다는 걸 명심하세요."

아이들은 선생님의 말에 금세 의욕을 불태웠고, 교실 분위기는 뜨거웠다. 모든 학생들이 진지하게 교단으로 올라가 구슬을 꺼내려 했지만 어떤 방법을 동원해도 구슬을 꺼내지 못했다. 그러자 아이들은 조급해지기 시작했다.

다시 선생님이 말했다.

"됐어요. 이제 다른 손가락을 이용해 구슬을 꺼내보세요."

이번에는 모두 쉽게 구슬을 꺼냈다.

게임은 끝났다.

"이제 여러분도 알았죠! 아무리 재능이 많아도 혼자서는 아무 일도 해낼 수 없어요. 다른 사람과 화합하는 일이 얼마나 중요한지 모두 알았을 거에요."

(탕웨이홍·추이화팡 저, 전인경 역, 『아이의 인생을 결정하는 36가지 습관』, 럭스미디어, 2006)

손가락 하나로는 병 속의 유리구슬을 꺼낼 수 없지만, 두 개의 손가락으로는 쉽게 꺼낼 수 있다는 것은 협동의 필요성을 잘 말해주고 있습니다.

"백지장도 맞들면 낫다."라는 속담이 바로 혼자 할 수 없는 일을 다른 사람과 힘을 합쳐 할 수 있다는 것이 얼마나 중요한가 잘 설명해 주고 있습니다.

탐구하기2

도덕적 인생관

(노영준 외 7인. 『중학교 도덕 2』, 천재교육, 2014)

사랑 남기고 떠난 '영등포 슈바이처'

2008년 돌아가신 선우경식(1945~2008) 요셉 의원 원장을 사람들은 '영등포 슈바이처'라고 불렀다. 선우 원장은 20여 년 간 도시 빈민, 노숙인, 외국인 노동자 등 43만 명을 무료로 치료해 온 분이었기 때문이다.

그는 1983년부터 서울의 달동네에서 의료 봉사를 시작했다. 대학 선후배들과 함께 환자를 업고 다니며 봉사를 펼치던 그는 '계속 남아 진료해 달라'는 봉사단 대표 신부의 부탁에, 무료 자선 병원인 요셉 의원을 열었다.

운영 자금이 턱없이 모자랐지만 자원 봉사자와 후원자의 도움으로 버텼다. 도시 개발로 달동네가 사라지던 1997년 5월, 선우 원장은 요셉 의원을 서울 영등포 역사 뒤편의 쪽방촌으로 옮겼다. 노숙인들과 외국인 노동자들이 모여 사는 곳으로 몸을 더

낮춘 것이다.

선우 원장은 요셉 의원을 돕는 잡지인 「착한 이웃」 창간호에 "돌이켜 보면 이 환자들은 내게는 선물이나 다름없다. 의사에게 아무것도 해 줄 수 없는 환자야말로 진정 의사가 필요한 환자가 아닌가."라고 썼다.

(한겨레, 2008년 4월 18일)

영등포 슈바이처라고 불렸던 선우경식 원장과 같은 도덕적 인생관을 가진 사람은 개인적으로는 자아실현과 인격완성을 추구하면서 동시에 사회적으로도 건강하고 서로가 믿을 수 있는 사회를 만드는 데 기여할 수 있습니다.

실천하기·마음의 양식

○ 이웃과 함께 정을 나누며 삽시다.

– 옆집, 이웃집과 인사하고 음식 나누어 먹기

– 반상회 참석하기

– 눈 치우기

– 마을청소 함께하기

– 독거노인 돌보기

– 이웃사촌 형제같이 지내기

– 살기 좋은 마을 만들기에 앞장서기

○ 운동을 통해서 협동정신을 기릅시다.

– 축구·농구·배구·탁구 등 운동하기

– 한마음 체육대회 참석하기

○ 협동에서 더 나아가 봉사하기

○ 우리가 알거니와 하나님을 사랑하는 자 곧 그의 뜻대로 부르심을 입은 자들에게는 모든 것이 협력하여 선을 이루느니라.(로마서 8:28)

○ 즐거워하는 자들과 함께 즐거워하고 우는 자들과 함께 울라. 서로의 마음을 같이 하여 높은 데 마음을 두지 말고 도리어 낮은 데 처하며 스스로 지혜 있는 체 하지 말라. 아무에게도 악을 악으로 갚지 말고 모든 사람 앞에서 선한 일을 도모하라. 할 수 있거든 너희로서는 모든 사람과 더불어 화목하라.(로마서 12:15~18)

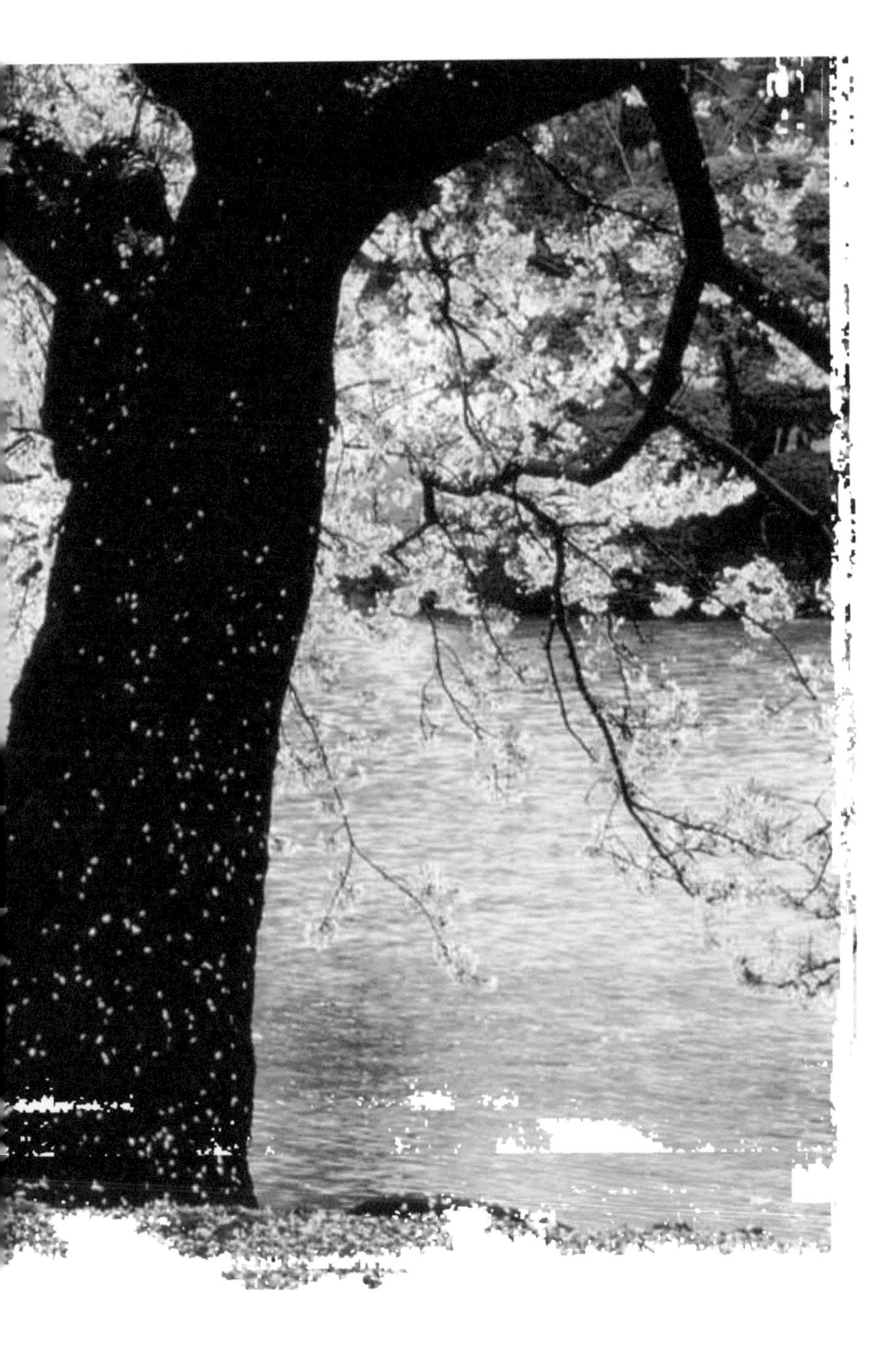

부록

1. 기본 생활습관

2. 에릭슨의 사회성 발달단계

3. 내가 정말 알아야 할 모든 것은 유치원에서 배웠다

4. 승자와 패자

5. 정직의 내면화 과정

[인성교육진흥법]

1. 기본 생활습관

제퍼슨의 생활 10계명

1. 오늘 할 일을 내일로 미루지 마라.
2. 자신이 할 수 있는 일을 남에게 미루지 마라.
3. 돈이 없으면 쓰지 마라.
4. 싸다고 해서 꼭 필요하지도 않은 물건을 사지 마라.
5. 교만은 배고픔·갈증·추위보다 무서운 것이다.
6. 소식(小食)을 실천하라.
7. 좋아서 하는 일은 힘들거나 귀찮지 않다.
8. 쓸데없는 걱정은 진짜 걱정을 초래한다.
9. 쉬운 일부터 처리하라.
10. 화가 날 때는 우선 10까지 센 후 말하라. 그래도 참기 어려울 때는 100까지 세라.

클레멘트 스톤(Clement Stone, 미국의 기업가·학자) 10계명

1. 첫인상을 좋게 연출하라. 첫인상이 곧 최후의 인상이요, 그것이 나의 평생에 영향을 준다는 것을 명심하라.
2. 가깝다고 하여 행한 무례함은 파탄의 시작이니 가까울수록 예를 지켜라.
3. 말하기에 열을 올리지 말고 다른 사람의 말을 듣는 데 성의를 보여라.
4. 혼자 크는 독불장군은 없다. 상대를 키워야 내가 큰다는 것을 알라.
5. 자신 있는 태도를 보여라. 자신 있게 행동할 때 상대도 나를 믿는다.
6. 솔선해서 우호적인 태도를 보여라. 그것이 성공의 패스포드가 된다.
7. 언제나 미소를 지어라. 웃음에는 세금이 붙지 않는다.
8. 상대의 단점보다 장점을 찾아내라. 아낌없이 칭찬하라.
9. 나의 입장에서 행동하기 전에 상대방의 입장이 되어 생각해보라.
10. 사람을 도마 위에 올려놓고 평가하지 말라. 그러면 상대도 나를 도마 위에 올려놓는다.

상대를 사로잡는 10가지 대화 법칙

1. 30%를 말하고 70%를 들어라.
2. 눈을 보며 대화하라. 상대보다 1초 길게 눈을 바라보라.
3. 먼저 인사를 건네라. 먼저 붙인 말에는 상대의 마음을 휘어잡는 힘이 있다.
4. 정직하게 자신을 내보여라. 정직한 말은 경계심을 풀어준다.
5. 상대가 마음을 열지 않을 땐 자신의 장점보다 단점을 더 많이 이야기 하라.
6. 누구나 흥미를 가질 만한 3가지 화제를 항상 준비해 두어라.
7. 상대가 이야기할 때는 적극적으로 맞장구를 쳐라.
8. 칭찬은 특별 보너스와 같다. 틈나는 대로 상대를 칭찬해 주어라.
9. 상대와 적절한 거리를 유지하라. 너무 가까워도 너무 멀어도 안 된다.
10. 때로는 선의의 거짓말이 대화에 생동감을 준다.

무재칠시(無財七施)를 실천하라

1. 신시(身施) : 몸으로 도와주는 봉사와 헌신
2. 심시(心施) : 사랑하고 이해하는 따뜻한 마음으로 도와주는 것
3. 안시(眼施) : 인자하고 편안한 눈빛으로 대하는 것
4. 화안시(和顔施) : 상냥하고 밝은 표정으로 대하는 것
5. 언시(言施) : 친절하고 따뜻한 말로 대하는 것
6. 상좌시(床座施) : 남에게 자리를 잡아주거나 양보해서 편안하게 해주는 것
7. 방사시(房舍施) : 쉴 수 있는 방을 제공해서 도움을 주는 것

하루 생활의 바른 습관

1. 자기 전에 일기를 써서 하루를 반성하고 정리한다.
2. 잠자기 2시간 전에는 음식을 먹지 않는다.
3. '안녕하십니까' '감사합니다' '미안합니다' 등 인사를 잘 한다.
4. 눈은 항상 상대방의 눈을 보고, 부드럽게 쳐다본다.
5. 어른께 물건을 드릴 때 공손하게 받는 사람이 받기 편하게 드린다.
6. 문을 열고 닫을 때에 소리가 나지 않도록 조심한다.

자기 자신

1. 기상 후 곧 용변을 보는 습관을 갖는다.
2. 바른 식사예절 습관을 갖는다.(숟가락, 젓가락 사용 등)
3. 집을 나갈 때나 귀가할 때에 인사를 꼭 드리고, 나가는 이유와 귀가보고를 한다.
4. 나그네가 아닌 주인으로 산다.
5. 이야기할 때 너무 빠르지 않게 명확하게 말한다.
6. 말할 때 우물쭈물하지 말고 같은 말을 반복하지 않는다.
7. 항상 웃는 얼굴로 이야기하는 밝은 모습을 갖는다.

8. 시간과 약속을 지키려고 노력하는 성실한 모습을 갖는다.(신뢰의 바탕이 된다)

9. 매사에 긍정적이고 적극적인 자세를 갖는다.

10. 자신의 말과 행동에 책임을 진다.

11. 상대방의 입장에서 생각하고 행동한다.

12. 구하라, 찾으라, 두드려라.

13. 용모가 단정하고 깔끔한 모습을 갖는다.

14. 자신의 의견을 진솔하게 밝히는 용기 있는 모습을 갖는다.

15. 건전한 비판을 적극적으로 받아들이는 겸허한 모습을 갖는다.

16. 사람답게 살기 위해 공부에 힘쓰자. 평생 공부를 해도 모자란다.

17. 자기 분수를 알자.

18. 담력은 크게, 마음가짐과 행동은 세심하게 하자.

19. 인내는 무사장구의 근본이고 분노는 적이다.

20. 승리만 알고 패배를 모르면 해가 자기 몸에 미친다.(패배는 성공의 어머니이다)

21. 잘못의 원인을 남에게서 찾지 말고 자신에게서 찾는다.

22. 잘못이 있어도 고치지 않는 것, 이것이 바로 문제이다.

부모

1. 부모님께 경어를 사용한다.
2. 부모님께 아침, 저녁으로 문안인사를 드린다.
3. 떨어져 있을 때에는 하루에 한 번 전화한다.
4. 부모님의 말씀이 자신의 생각과 다를 때 불손한 태도로 말씀드리지 말고 공손하고 부드럽게 말씀드린다.
5. 자신의 일을 결정할 때에 부모님과 상의한다.
6. 부모님께서 부르시면 즉시 대답하고 하던 일을 멈추고 부르신 용건을 귀 기울여 듣는다.
7. 부모님이 살아계실 때가 자신의 삶에 가장 행복한 때이다. 부모님과 따뜻한 정을 나눈다.

가족·친척

1. 가족들의 몸을 넘어 다니지 않는다.
2. 형제자매 간에는 우애가 있고 그 우애에는 편함보다 정을 생각한다.
3. 가족·친척 간에 호칭를 정확히 부른다.(남편을 오빠라고 하는 것은 문제)

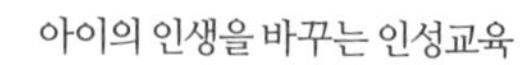

친구

1. 친구를 존중한다.
2. 친구의 비밀을 함부로 남에게 이야기하지 말자.
3. 동료 간의 애경사에 관심을 보이는 정 있는 모습을 갖는다.
4. 순수한 사랑으로 소중한 친구를 최소한 몇 사람 사귀며 살자.
5. 돈이나 권력에 비굴하지 않고 바른 말을 하는 친구를 사귄다.
6. 비판과 징계보다는 이해해주고 좋은 점을 칭찬하고 격려해 주는 사람이 된다.
7. 말없이 사랑하고 자기를 내세우지 않고 은근한 정을 나누는 친구를 사귄다.
8. 장래의 계획을 기탄없이 이야기할 수 있고 그런 이야기를 나눌 수 있는 친구를 사귄다.

사회

1. 남들과 있을 때 콧노래를 부르지 말고 손이나 발로 책상을 치지 않는다.
2. 남들이 말할 때 집중하고 방해하지 않는다.
3. 선생님이나 윗사람이 말할 때에는 경청하고 모르면 적절히 질문한다.
4. 농담이든 진담이든 상처 주는 말과 욕을 하지 않는다.
5. 남의 점이나 흉터에 관해 묻지 말고 흉보지 않는다.
6. 남이 비록 적이라도 그들의 불행을 기뻐하지 않는다.
7. 남의 물건이나 공공물을 자기 것처럼 아껴쓴다.
8. 나만이 아닌 다른 사람을 배려하는 사려 깊은 사람이 된다.
9. 더불어 함께 사는 공동체의식을 갖는다.
10. 저명한 인사와 순수한 사랑으로 교류하며 산다.
11. 상대의 관심사를 미리 알고 화제를 삼는다.
12. 상대방에 말을 더 많이 하게 한다.
13. 받은 은혜는 잊지 말고 베푼 것을 잊는다.
14. 남의 약점과 단점을 보충해 주는 사람이 된다.
15. 논쟁은 절대적으로 피하자. 이겨도 져도 문제다.

돈

1. 돈이 없으면 쓰지 말자.(제퍼슨)
2. 싸다고 해서 꼭 필요하지도 않은 물건을 사지 말자.(제퍼슨)
3. 자기의 생계는 자기가 번 돈으로 꾸려나간다.
4. 아버지의 재산과 자기의 돈(용돈)과는 아무 상관이 없다.

2. 에릭슨의 사회성 발달단계

에릭슨(Erik Erikson, 1902~94)의 사회성 발달이론은 프로이드 이론을 기초로 하고 있지만, 정상적인 심리적 활동을 중시하고 있습니다.

각 단계마다 일어나는 자연적인 또는 우연적인 위기를 성공적으로 해결했을 때와 아닐 때의 성격발달을 설명한 것입니다.

시 기	특 성
제1단계 출생~생후1년	신뢰감 대 불신감 충분한 애정과 안정감이 주어지고 일관성과 계속성이 있는 경험이 주어지면 신뢰감이 형성된다. 반면 아동을 거부하고 부적절하며 일관성이 없으며 좋지 못한 보살핌은 불신감을 갖게 된다.
제2단계 2~3세	자율성 대 수치감 자신의 자율적인 의지에 따라 어느 정도 선택할 수 있는 시기이다. 이때 자기 자신의 방법에 따라 활동할 수 있게 하면 자율성이 나타난다. 반면 부모가 아동의 자율적인 활동의 기회를 박탈하거나 지나치게 활동을 억제하면 수치감이 생긴다.

제3단계 4~5세	주도성 대 죄책감 아동의 질문에 부모가 충실하게 대답해 주는 일을 거듭하면 주도성이 나타난다. 이때는 주도적으로 참여하기를 원하는 시기이기 때문에 주도성을 육성하는 게 좋다. 반면 질문에 대한 억압적인 태도는 죄책감과 주도성을 발휘하지 못하게 한다.
제4단계 6~11세	근면성 대 열등감 활동하고 무엇이든 만들어보게 하고 성취했을 때 보상해주는 일이 계속되면 근면성이 나타난다. 반면 행동을 제한하고 비판만을 계속하면 열등의식이 생긴다.
제5단계 청년기 12~18세	정체감 대 정체성 혼동 '나는 누구인가'에 대한 분명한 정체성 의식을 갖게 되는 것을 의미한다. 정체성은 의미 있는 타인(교사, 존경하는 사람)에게서 인정을 받게 되면 자아에 대한 정체감이 생긴다. 부모·학교·교사·주위에 존경하는 인사로부터 인정을 받지 못하면 혼돈상태를 경험하는 정체성의 위기를 경험한다. 이때는 또래집단의 역할이 매우 중요하다.

제6단계 성인 전기 19~24세	친밀감 대 고립감 성인이 되면서 부모로부터 독립하고 심리적으로 예속되었던 기관으로부터 독립하여 살아간다. 부모·동료·배우자 등과 좋은 인간관계를 발전시켜 친밀감을 형성하는 단계이다. 이 단계에서 친밀감을 성공적으로 형성하면 사람들에 대한 애정이 생기지만, 반면에 성공하지 못하면 두려움, 고립감이 생기며 반사회적인 사람이 되는 경우도 있다.
제7단계 성인 중기 25~65세	생성감 대 침체감 이때의 정서적 갈등은 생성감을 맛보게 되느냐 아니면 정체감에 빠지게 되느냐 하는 것이다. 자신에게 몰두하기보다는 자녀와 직업을 통해 생산적인 활동에 참여하게 된다. 만일 그렇지 못하면 사회적·심리적으로 침체감에 빠진다.
제8단계 노년기	만족감 대 절망감 이 과정에서 비록 모든 소망과 꿈을 이루지 못하였어도 어느 정도의 만족감을 느끼면 성격의 통정(integrity – 사회전반의 공통적 사정이나 인정)이 이루어진다. 반면에 좌절과 실패만이 거듭된 생애였음을 회상하게 되면 절망감의 경지에 빠지게 된다.

3. 내가 정말 알아야 할 모든 것은 유치원에서 배웠다

○ 무엇이든지 나누어 가져라.

○ 정정당당하게 행동하라.

○ 남을 때리지 말아라.

○ 물건은 항상 제자리에 놓아라.

○ 네가 어지럽힌 것은 네가 깨끗이 치워라.

○ 남의 물건에 손 대지 마라.

○ 남의 마음을 상하게 했을 때는 미안하다고 말하라.

○ 밥 먹기 전에 손을 씻어라.

○ 화장실 물을 꼭 내려라.

○ 따뜻한 쿠키와 찬 우유가 몸에 좋다.

○ 균형 잡힌 생활을 하라. 공부도 하고, 생각도 하고, 매일 적당히 그림도 그리고, 노래도 부르고, 춤도 추고, 놀기도 하고, 일도 하라.

○ 밖에 나가서는 차조심하고, 손을 꼭 잡고 서로 의지하라.

○ 경이로운 일에 눈 떠라.

○ 컵에 든 작은 씨앗을 기억하라.

(로버트 풀검)

4. 승자와 패자

승자는 실수했을 때 '내가 잘못했다'고,
패자는 실수했을 때 '너 때문에….'라고 말합니다.

승자의 입에는 정직이 가득하고,
패자의 입에는 핑계가 가득합니다.

승자는 '예'와 '아니오'를 분명히 말하고,
패자는 '예'와 '아니오'를 대충 말합니다.

승자는 어린아이에게도 사과할 줄 알고,
패자는 노인에게도 고개를 못 숙입니다.

승자는 넘어지면 일어나 앞을 보고,
패자는 넘어지면 뒤를 봅니다.

승자는 패자보다 더 열심히 일하지만 여유가 있고,
패자는 승자보다 게으르지만 늘 바쁘다고 말합니다.

승자의 하루는 25시간이고,
패자의 하루는 23시간밖에 안 됩니다.

승자는 열심히 일하고, 열심히 놀고, 열심히 쉽니다.
패자는 허겁지겁 일하고, 빈둥빈둥 놀고, 흐지부지 쉽니다.

승자는 시간을 관리하며 살고,
패자는 시간에 끌려 삽니다.

승자는 과정을 소중히 생각하지만,
패자는 결과에만 매달려 삽니다.

승자는 순간마다 성취의 만족을 경험하고,
패자는 영원히 성취감을 맛보지 못합니다.

승자는 넘어지면 일어서는 기쁨을 알고,
패자는 넘어지면 재수를 탓합니다.

5. 정직의 내면화 과정

정의적 특성은 지적 특성과는 달리 인지적 수준에서 학습되는 것이 아니라 내면화의 과정을 통해서 학습되는 것이기 때문에 블룸(Bloom)의 모형(교육목적 분류)을 통해서 내면화하기를 권하고 싶습니다.

여기에서는 15개 덕목 중에 정직에 관한 것만을 모델로 정리합니다. 쑹칭령의 예화를 정직의 내면화 과정으로 설명드리면 다음과 같습니다.

예화

중국의 정치가 쑨원의 부인 쑹칭링의 정직에 관한 이야기입니다.(탕웨이훙·추이화팡 저, 전인경 역, 『아이의 인생을 결정하는 36가지 습관』, 럭스미디어, 2006: 27~28)

중국의 정치가 쑨원의 부인 쑹칭링은 어릴 적부터 약속은 꼭 지켜야 한다는 말을 귀에 못이 박힐 정도로 들었다.

한 번은 온 가족이 삼촌 집에 놀러 가게 되었다. 언니와 동생은 나갈 채비를 하고 있는데 칭링만 꼼짝달싹하지 않고 계속 피아노만 치고 있었다.

"칭링! 얼른 준비하지 않고 뭐 하니?"

칭링은 엄마의 다그치는 소리에 일어나려다가 다시 제자리에 주저앉았다. 그러자 어머니가 다시 물었다.

"왜 그러니? 무슨 일 있었어?"

"저는 오늘 못 가요."

칭링이 울상을 지으면서 대답했다.

"왜?"

어머니가 물었다.

"오늘 집에서 샤오전한테 종이 접는 것을 가르쳐 주기로 했단 말이에요."

칭링의 말에 아버지가 껄껄 웃었다.

"난 또 무슨 중요한 일이라고, 다음에 가르쳐 주면 되지 않느냐!"

"안 돼요. 샤오전을 헛걸음하게 할 수는 없어요."

칭링이 다급하게 말했다.

"그러면 갔다 와서 샤오전에게 상황을 얘기하고 사과하면 되지 않겠니? 엄마 생각에 종이 접기는 내일 가르쳐 줘도 괜찮을 것 같은데……."

칭링의 엄마가 나름대로 해결 방법을 제시했다.

"안 돼요. 엄마, 약속은 꼭 지켜야 한다고 말씀하셨잖아요. 이미 한 약속을 어떻게 제 마음대로 바꿔요?"

칭링은 단호하게 고개를 저었다.

"알겠다. 우리 칭링은 정말 약속을 잘 지키는 착한 어린이구나. 그러면 칭링은 집에 있으렴."

엄마는 매우 흐뭇했다.

그리고 가족들이 삼촌 집에서 돌아왔을 때, 집에는 칭링 혼자만 있었다.

"칭링, 샤오전은 어디 가고 혼자 있니?"

엄마가 물었다.

"오늘 안 왔어요. 아마 무슨 일이 있나 봐요."

어린 칭링은 아무렇지도 않은 듯 대답했지만 엄마는 마음이 아팠다.

"샤오전이 안 왔다고? 그럼 우리 칭링이 심심했겠구나!"

"아니에요. 샤오전은 안 왔지만 그래도 좋아요. 전 약속을 지켰으니까요."

쑹칭링 부모의 교육은 확실히 성공적이었으며, 부모들의 귀감이 된다. 부모들은 약속은 꼭 지켜야 하며, 약속에도 방법이 있다는 것을 아이에게 가르칠 의무가 있다. 즉, 최선을 다했으나 피치 못할 사정으로 지키지 못할 경우에는 그 이유를 성실히 해명하고 사과해야 하며, 약속하기 전에는 과연 내가 할 수 있는 일인지 신중히 생각해야 함을 아이에게 가르쳐야 한다. 또 할 수 있는 일이라 해도 어느 정도 여지를 남겨두고, 호언장담해서는 안 된다는 것을 누누이 일러주어야 한다.

쑹칭링의 어릴 때의 이야기는 참으로 귀감이 되는 정직의 실천입니다. 가족과 함께 삼촌네 집에 놀러가는 것을 포기하면서 약속을 지키려는 그 정신이야 말로 성공의 근본이 될 것이며 가장 귀중한 재산이 될 것입니다.

쑹칭링과 같은 사람이 모여 사는 사회가 바로 신뢰의 사회요, 살기 좋은 사회입니다.

정직의 내면화 과정

위에 쑨원의 부인인 쑹칭링이 어렸을 때 정직 교육에 관한 예화자료를 중심으로 자녀와 토론하는 내면화 과정의 수업안입니다.

	활 동	비고
1 인지단계 (감수· 반응)	○ 아버지는 쑨원에 대하여 설명한다. ○ 쑹칭링이 어렸을 때의 예화를 읽는다. - 듣고 느낀점을 서로 말한다. - 칭링과 샤오젼의 약속을 그대로 지키느냐, 연기하느냐를 가볍게 토의한다. - 삼촌 댁 방문과 칭링의 약속에 관해 주의 집중하고 의견을 개진한다.	
2 가치과정 (가치화· 조직화)	○ 칭링과 샤오젼의 약속에 대해 - 약속을 그대로 지킨다에 관해 장점과 결점 - 약속을 연기한다의 장점과 결점에 관해 토론·추론하여 모범답안을 만든다. ○ 최선을 다했지만 피치못할 사정으로 약속을 지키지 못한 경우 어떻게 해야 하는가를 설명한다. ○ 칭링이 약속을 연기하고 가족과 함께 삼촌 댁을 방문했다면 어떨까? 장점·단점을 추론한다. ○ 칭링의 약속이행과 정한 규칙을 준수하지 못한 것과의 연관성을 추론한다.	
3 성격화	○ 칭링은 샤오젼이 오지 않았지만 약속을 지켜 만족하게 생각한다. - 높이 평가, 칭찬한다. ○ 칭링의 일관된 행동으로 보이지만 계속 정직함을 체크한다. ○ 사명선언서, 15대 덕목 실천 기록부 - 월 1회 이상 체크한다.	

※ 앞의 일러두기에서 설명한 내용을 표로 간단히 정리한 것임.

정의적 특성에 관한 내면화 과정의 특징

블룸의 정의적 특성에 관한 내면화 과정의 특성을 표로 간단히 정리한 것입니다. 다음과 같은 단계를 거쳐서 성격화된 행동이 나옵니다. 15대 덕목들이 내면화 과정을 통해 성격화된 행동이 생산되기 바랍니다.

	활 동	비고
1 인지단계 (감수 · 반응)	○ 넘어진 아이를 보았을 때 – 보고 관심을 표하는 것이 감수이고 일으켜 주거나 일어나라고 말하면 반응입니다.	
2 가치과정 (가치화 · 조직화)	○ 인지 단계 후 자기 자신의 것으로 만드는 과정 ○ 학습자가 가지고 있는 내면의 가치와 일관성이 있어야함(가치 선택 확신) ○ 학습자가 소속되어 있는 집단의 동의와 인정을 받을 수 있어야 함 ○ 받아들인 특성과 특성사이의 상호 관련성을 형성해야함 ○ 넘어진 아이를 일으켜주는 일이 어떤 것인가에 관해 추론한다. ○ 수레를 끌고 비탈길을 오르는 할머니를 도와주는 것과 넘어진 아이를 일으켜주는 행동과의 관계를 추론한다.	
3 성격화	※ 가치과정을 거친 후 이어서 또는 서서히 성격화가 형성됨 ○ 넘어진 아이를 보고 일으켜주는 행동이 성격화됨 ○ 이 단계의 특성은 개인에게 오래 머무르면서 행동을 통제함	

정의적 특성의 내면화 과정에 필요한 종합사항

기본생활 15대 덕목의 'ㅇㅇ의 개념 및 정의' 'ㅇㅇ의 사람 되기'에 제시한 내용들을 내면화시키기 위하여 다음과 같은 방법으로 안을 만들어 실천해 보세요.(한 번에 3단계가 모두 이루어지는 것이 아님)

	활 동	비고
1 인지단계 (감수·반응)	ㅇ 각 덕목에서 토론주제(실천할 내용·예화·명언·성경)를 선정하여 일주일에 1회 이상 토론이나 간단한 대화를 한다. ㅇ 일기쓰기에 반드시 15대 덕목의 내용을 넣는다. ※ 인성0.50교육 전문가 또는 지방 유지를 초청하여 강의 및 토론을 하는 것도 고려하세요. ㅇ 토론의 과정에서 타인의 관점을 이해하려고 노력한다.※ 하루에 5분이라도 인성에 관한 이야기를 하세요.	
2 가치과정 (가치화·조직화)	ㅇ 체험담·예화·실천할 내용·명언·성경 등을 읽고 가치화에 관한 토론을 한다. ㅇ 도덕적 판단의 전제나 근거를 논리적으로 추론한다. ㅇ 자기(가족·조직) 사명선언서, 15덕목의 실천 기록부를 작성한다. 가족이 서로 힘을 모아 심사숙고, 토론하며 작성한다. ※ 초청 인사의 강의 토론 내용을 분석·추론한다. ※ 1단계(인지단계), 2단계(가치과정) 과정이 동시에 이루어질 수도 있고 아닐 수도 있다.	
3 성격화	ㅇ 사명선언서, 15대 덕목의 실천 기록부를 월 1회 이상 체크하고 또 계속 강조하며 성격화되도록 계속 체크한다.(벽에 게시하는 것도 고려한다.) ㅇ 토론의 결과를 실천하기 위한 구체적 방법을 찾아 끝까지 실천한다. ※ 3단계(성격화)는 가치과정의 다음이지만 동시에 이루어지는 것이 아님.	

인성교육진흥법

[시행 2015.7.21.] [법률 제13004호, 2015.1.20., 제정]

교육부(규제개혁법무담당관) 044-203-6649

제1조(목적) 이 법은 「대한민국헌법」에 따른 인간으로서의 존엄과 가치를 보장하고 「교육기본법」에 따른 교육이념을 바탕으로 건전하고 올바른 인성(人性)을 갖춘 국민을 육성하여 국가사회의 발전에 이바지함을 목적으로 한다.

제2조(정의) 이 법에서 사용하는 용어의 뜻은 다음과 같다.

1. "인성교육"이란 자신의 내면을 바르고 건전하게 가꾸고 타인·공동체·자연과 더불어 살아가는 데 필요한 인간다운 성품과 역량을 기르는 것을 목적으로 하는 교육을 말한다.
2. "핵심 가치·덕목"이란 인성교육의 목표가 되는 것으로 예(禮), 효(孝), 정직, 책임, 존중, 배려, 소통, 협동 등의 마음가짐이나 사람됨과 관련되는 핵심적인 가치 또는 덕목을 말한다.
3. "핵심 역량"이란 핵심 가치·덕목을 적극적이고 능동적으로 실천 또는 실행하는 데 필요한 지식과 공감·소통하는 의사소통능력이나 갈등해결능력 등이 통합된 능력을 말한다.
4. "학교"란 「유아교육법」 제2조제2호에 따른 유치원 및 「초·중등교육법」 제2조에 따른 학교를 말한다.

제3조(다른 법률과의 관계) 인성교육에 관하여 다른 법률에 특별한 규정이 있는 경우를 제외하고는 이 법에서 정하는 바에 따른다.

제4조(국가 등의 책무) ① 국가와 지방자치단체는 인성을 갖춘 국민을 육성하기 위하여 인성교육에 관한 장기적이고 체계적인 정책을 수립하여 시행하여야 한다.

② 국가와 지방자치단체는 학생의 발달 단계 및 단위 학교의 상황과 여건에 적합한 인성교육 진흥에 필요한 시책을 마련하여야 한다.

③ 국가와 지방자치단체는 학교를 중심으로 인성교육 활동을 전개하고, 인성 친

화적인 교육환경을 조성할 수 있도록 가정과 지역사회의 유기적인 연계망을 구축하도록 노력하여야 한다.

④ 국가와 지방자치단체는 학교 인성교육의 진흥을 위하여 범국민적 참여의 필요성을 홍보하도록 노력하여야 한다.

⑤ 국민은 국가 및 지방자치단체가 추진하는 인성교육에 관한 정책에 적극적으로 협력하여야 한다.

제5조(인성교육의 기본방향) ① 인성교육은 가정 및 학교와 사회에서 모두 장려되어야 한다.

② 인성교육은 인간의 전인적 발달을 고려하면서 장기적 차원에서 계획되고 실시되어야 한다.

③ 인성교육은 학교와 가정, 지역사회의 참여와 연대 하에 다양한 사회적 기반을 활용하여 전국적으로 실시되어야 한다.

제6조(인성교육종합계획의 수립 등) ① 교육부장관은 인성교육의 효율적인 추진을 위하여 대통령령으로 정하는 관계 중앙행정기관의 장과의 협의와 제9조에 따른 인성교육진흥위원회의 심의를 거쳐 인성교육종합계획(이하 "종합계획"이라 한다)을 5년마다 수립하여야 한다.

② 종합계획에는 다음 각 호의 사항이 포함되어야 한다.

1. 인성교육의 추진 목표 및 계획
2. 인성교육의 홍보
3. 인성교육을 위한 재원조달 및 관리방안
4. 인성교육 핵심 가치·덕목 및 핵심 역량 선정에 관한 사항
5. 그 밖에 인성교육에 관하여 필요한 사항으로 대통령령으로 정하는 사항

③ 교육부장관은 종합계획의 중요사항을 변경하는 경우 제1항에 따른 관계 중앙행정기관의 장과의 협의와 제9조에 따른 인성교육진흥위원회의 심의를 거쳐야 한다. 다만, 법령의 개정이나 관계 중앙행정기관의 관련 사업계획 변경 등 경미한 사항을 변경하는 경우에는 그러하지 아니하다.

④ 교육부장관은 제1항 또는 제3항에 따라 종합계획을 수립하거나 변경하였을 때에는 지체 없이 이를 관계 중앙행정기관의 장에게 통보하여야 한다.

⑤ 특별시·광역시·특별자치시·도 및 특별자치도 교육감(이하 "교육감"이라 한다)은 종합계획에 따라 해당 지방자치단체의 연도별 인성교육시행계획(이하 "시행계획"이라 한다)을 수립·시행하여야 한다.

⑥ 교육감은 제5항에 따라 시행계획을 수립하거나 변경하였을 때에는 이를 지체 없이 교육부장관에게 통보하여야 한다.

⑦ 종합계획 및 시행계획의 수립·시행 등에 필요한 사항은 대통령령으로 정한다.

제7조(계획수립 등의 협조) ① 교육부장관과 교육감은 종합계획 또는 시행계획의 수립·시행 및 평가를 위하여 필요한 경우 관계 중앙행정기관의 장, 지방자치단체의 장 및 교육감 등에게 협조를 요청할 수 있다.

② 제1항에 따른 협조를 요청받은 자는 특별한 사유가 없으면 이에 따라야 한다.

제8조(공청회의 개최) ① 교육부장관과 교육감은 종합계획 및 시행계획을 수립하려는 때에는 공청회를 열어 국민 및 관계 전문가 등으로부터 의견을 청취하여야 하며, 공청회에서 제시된 의견이 타당하다고 인정되는 때에는 이를 종합계획 및 시행계획 수립에 반영하여야 한다.

② 제1항에 따른 공청회 개최에 필요한 사항은 대통령령으로 정한다.

제9조(인성교육진흥위원회) ① 인성교육에 관한 다음 각 호의 사항을 심의하기 위하여 교육부장관 소속으로 인성교육진흥위원회(이하 "위원회"라 한다)를 둔다.

1. 인성교육정책의 목표와 추진방향에 관한 사항
2. 종합계획 수립에 관한 사항
3. 인성교육 추진실적 점검 및 평가에 관한 사항
4. 인성교육 지원의 협력 및 조정에 관한 사항
5. 그 밖에 인성교육 지원을 위하여 대통령령으로 정하는 사항

② 위원회는 위원장을 포함한 20명 이내의 위원으로 구성한다.

③ 위원회의 위원장은 위원 중에서 호선하되, 공무원이 아닌 사람으로 한다.

④ 위원회의 위원은 다음 각 호의 어느 하나에 해당하는 사람 중에서 대통령령으로 정하는 바에 따라 교육부장관이 임명 또는 위촉한다. 이 경우 위원은 공무원이 아닌 사람이 과반수가 되도록 한다.

1. 교육부차관, 문화체육관광부차관(문화체육관광부장관이 지명하는 차관), 보건복지부차관 및 여성가족부차관
2. 국회의장이 추천하는 사람 3명
3. 인성교육에 관한 학식과 경험이 풍부한 사람 중에서 대통령령으로 정하는 사람

⑤ 위원회가 심의한 사항을 집행하기 위하여 인성교육 진흥과 관련된 조직·인력·

업무 등에 필요한 사항은 교육부령으로 정한다.

⑥ 그 밖에 위원회의 구성·운영에 필요한 사항은 대통령령으로 정한다.

제10조(학교의 인성교육 기준과 운영) ① 교육부장관은 대통령령으로 정하는 바에 따라 학교에 대한 인성교육 목표와 성취 기준을 정한다.

② 학교의 장은 제1항에 따른 인성교육의 목표 및 성취 기준과 교육대상의 연령 등을 고려하여 대통령령으로 정하는 바에 따라 매년 인성에 관한 교육계획을 수립하여 교육을 실시하여야 한다.

③ 학교의 장은 인성교육의 핵심 가치·덕목을 중심으로 학생의 인성 핵심 역량을 함양하는 학교 교육과정을 편성·운영하여야 한다.

④ 학교의 장은 인성교육 진흥을 위하여 학교·가정·지역사회와의 연계 방안을 강구하여야 한다.

제11조(인성교육 지원 등) ① 국가 및 지방자치단체는 가정, 학교 및 지역사회에서의 인성교육을 지원하기 위한 교육 프로그램(이하 "인성교육프로그램"이라 한다)을 개발하여 보급하여야 한다.

② 국가와 지방자치단체는 인성교육프로그램의 구성 및 운용 등을 전문단체 또는 전문가에게 위탁할 수 있다.

③ 교육감은 인성교육프로그램의 구성 및 운용 계획을 해당 학교 인터넷 홈페이지에 게시하는 등의 방법으로 학부모에게 알릴 수 있도록 하여야 한다.

④ 학부모는 국가, 지방자치단체 및 학교의 인성교육 진흥 시책에 협조하여야 하고, 인성교육을 위하여 필요한 사항을 해당 기관의 장에게 건의할 수 있다.

⑤ 그 밖에 가정, 학교 및 지역사회에서의 인성교육 진흥 등에 필요한 사항은 대통령령으로 정한다.

제12조(인성교육프로그램의 인증) ① 교육부장관은 인성교육 진흥을 위하여 인성교육프로그램을 개발·보급하거나 인성교육과정을 개설(開設)·운영하려는 자(이하 "인성교육프로그램개발자등"이라 한다)에 대하여 인성교육프로그램과 인성교육과정의 인증(이하 "인증"이라 한다)을 할 수 있다.

② 인증을 받고자 하는 인성교육프로그램개발자등은 교육부장관에게 신청하여야 한다.

③ 교육부장관은 제2항에 따라 인증을 신청한 인성교육프로그램 또는 인성교육과정이 교육내용·교육시간·교육과목·교육시설 등 교육부령으로 정하는 인증기준에 적합한 경우에는 이를 인증할 수 있다.

④ 제3항에 따른 인증을 받은 자는 해당 인성교육프로그램 또는 인성교육과정에 대하여 교육부령으로 정하는 바에 따라 인증표시를 할 수 있다.

⑤ 제3항에 따른 인증을 받지 아니한 인성교육프로그램 또는 인성교육과정에 대하여 제4항의 인증표시를 하거나 이와 유사한 표시를 하여서는 아니 된다.

⑥ 제1항부터 제3항까지에 따른 인증의 절차 및 방법 등에 필요한 사항은 교육부령으로 정한다.

⑦ 교육부장관은 제1항부터 제3항까지에 따른 인증 업무를 교육부령으로 정하는 바에 따라 전문기관 또는 단체 등에 위탁할 수 있다.

제13조(인증의 유효기간) ① 제12조제3항에 따른 인증의 유효기간은 인증을 받은 날부터 3년으로 한다.

② 제1항에 따른 유효기간은 1회에 한하여 2년 이내에서 연장할 수 있다.

③ 제2항에 따른 인증의 연장신청, 그 밖에 필요한 사항은 교육부령으로 정한다.

제14조(인증의 취소) 교육부장관은 제12조제3항에 따라 인증한 인성교육프로그램 또는 인성교육과정이 다음 각 호의 어느 하나에 해당하는 경우에는 그 인증을 취소할 수 있다. 다만, 제1호에 해당하는 경우에는 취소하여야 한다.

1. 거짓, 그 밖의 부정한 방법으로 인증받은 경우
2. 제12조제3항에 따른 인증기준에 적합하지 아니하게 된 경우

제15조(인성교육 예산 지원) 국가 및 지방자치단체는 인성교육 지원, 인성교육프로그램 개발·보급 등 인성교육 진흥에 필요한 비용을 예산의 범위에서 지원하여야 한다.

제16조(인성교육의 평가 등) ① 교육부장관 및 교육감은 종합계획 및 시행계획에 따른 인성교육의 추진성과 및 활동에 관한 평가를 1년마다 실시하여야 한다.

② 교육부장관과 교육감은 인성교육 평가결과를 종합계획 및 시행계획에 반영할 수 있다.

③ 그 밖에 인성교육의 추진성과 및 활동 평가에 필요한 사항은 대통령령으로 정한다.

제17조(교원의 연수 등) ① 교육감은 학교의 교원(이하 "교원"이라 한다)이 대통령령으로 정하는 바에 따라 일정시간 이상 인성교육 관련 연수를 이수하도록 하여야 한다.

② 「고등교육법」 제41조에 따른 교육대학·사범대학(교육과 및 교직과정을 포함

한다) 등 이에 준하는 기관으로서 교육부령으로 정하는 교원 양성기관은 예비교원의 인성교육 지도 역량을 강화하기 위하여 관련 과목을 필수로 개설하여 운영하여야 한다.

제18조(학교의 인성교육 참여 장려) 학교의 장은 학생의 제11조제1항에 따른 지역사회 등의 인성교육 참여를 권장하고 지도·관리하기 위하여 노력하여야 한다.

제19조(언론의 인성교육 지원) 국가 및 지방자치단체는 범국민적 차원에서 인성교육의 중요성에 대한 인식을 공유하고 이들의 참여의지를 촉진시키기 위하여 필요한 경우 언론(「언론중재 및 피해구제 등에 관한 법률」 제2조에 따른 방송, 신문, 잡지 등 정기간행물, 뉴스통신 및 인터넷신문 등을 포함한다)을 이용하여 캠페인 활동을 전개하도록 노력하여야 한다.

제20조(전문인력의 양성) ① 국가 및 지방자치단체는 인성교육의 확대를 위하여 필요한 분야의 전문인력을 양성하여야 한다.

② 교육부장관 및 교육감은 제1항에 따른 전문인력을 양성하기 위하여 교육 관련 기관 또는 단체 등을 인성교육 전문인력 양성기관으로 지정하고, 해당 전문인력 양성기관에 대하여 필요한 경비의 전부 또는 일부를 지원할 수 있다.

③ 제2항에 따른 인성교육 전문인력 양성기관의 지정기준은 대통령령으로 정한다.

제21조(권한의 위임) 교육부장관은 이 법에 따른 권한의 일부를 대통령령으로 정하는 바에 따라 교육감에게 위임할 수 있다.

제22조(과태료) ① 다음 각 호의 어느 하나에 해당하는 자에게는 500만원 이하의 과태료를 부과한다.

1. 거짓이나 그 밖의 부정한 방법으로 제12조에 따른 인증을 받은 자
2. 제12조제5항을 위반하여 인증표시를 한 자

② 제1항에 따른 과태료는 대통령령으로 정하는 바에 따라 교육부장관이 부과·징수한다.

부칙 〈제13004호,2015.1.20.〉

이 법은 공포 후 6개월이 경과한 날부터 시행한다.

참고문헌

공병호, 『우문현답』, 해냄, 2010

______, 『일취월장』, 해냄, 2011

______, 『인생의 기술』, 해냄, 2008

______, 『인생사전』, 해냄, 2013

교육부, 『초등도덕 3』, 천재교육, 2014

______, 『초등도덕 4』, 천재교육, 2014

______, 『초등도덕 5』, 천재교육, 2014

______, 『초등도덕 6』, 천재교육, 2014

김국현, 『도덕과 평가의 9가지 레시피』, 교육과학사, 2013

노영준 외 7인, 『중학교 도덕 1』, 두산동아, 2013

____________, 『중학교 도덕 2』, 두산동아, 2014

박병기 외, 『윤리학과 도덕교육2』, 인간사랑, 2011

_________, 『초등학교 인성교육 살리기』, 인간사랑, 2011

벤저민 프랭클린 저, 이계영 역, 『프랭클린 자서전』, 김영사, 2011

새무얼 스마일즈, 『인격론』, 21세기북스, 2005

____________, 『검약론』, 21세기북스, 2006

____________, 『자조론』, 21세기북스, 2006

스티븐 코비, 『성공하는 사람들의 7가지 습관』, 김영사, 1995

쑤산, 『십대에 익혀야 할 좋은 습관 33』, 기원전, 2009

아베 피에르, 『피에르 신부의 유언』, 웅진지식하우스, 2006

우광호, 『나는 당신을 만나기 전부터 사랑했습니다』, 여백, 2011

유달영, 『협동과 사회복지』, 홍익재, 1998

윤건영 외 11인, 『중학교 도덕 1』, 금성출판사, 2013

___________, 『중학교 도덕 2』, 금성출판사, 2013

이광수, 『도산 안창호』, 일신서적, 1995

이규호, 『인간의 사회화와 사회의 인간화』, 배영사, 1977

이동원, 『인간교육과 협동학습』, 성원사, 1995

이민규, 『네 꿈과 행복은 10대에 결정된다』, 더난출판, 2002
______, 『자기 긍정의 힘』, 원앤원북스, 2003
이안 제임스 코레트 저, 정창우·조석환 역, 『날마다 만나는 10분 동화』, 주니어 김영사, 2011
이용태, 『인성교육 성적보다 먼저다』, 에디터, 2008
______, 『한달에 한 가지 새습관을 기르자』, 큰곰, 2013
EBS지식채널, 〈세상을 움직인 3인의 법칙〉, 2005
정원식, 『인간의 동기』, 교육과학사, 2001
______, 『인간의 성격』, 교육과학사, 2003
______, 『인간과 교육』, 교육과학사, 2005
______, 『인간의 인지』, 교육과학사, 2010
______, 『인간의 가치관』, 교육과학사, 2013
정창우 외 12인, 『중학교 도덕 1』, 미래엔, 2014
______, 『중학교 도덕 2』, 미래엔, 2014
조병묵, 『아버지가 들려주는 삶이야기』, 정일출판사, 1991
______, 『내 인생을 바꾼 아버지의 한마디』, 꿈과희망, 2009
______, 『마음수련』, 꿈과희망, 2009
______, 『성공적인 진로선택』, 신원문화사, 1997
지동직, 『배려의 기술』, 북스토리, 2006
진탕, 『평범한 아버지들의 위대한 자녀교육』, 북스토리, 2008
충청북도교육청, 『함께 생각하고 실천하는 밥상머리교육』, 2001
____________, 『인성교육 길라잡이』, 2009
____________, 『회초리보다 더 큰 사랑』, 2010
탕웨이훙·추이화팡 저, 전인경 역, 『아이의 인생을 결정하는 36가지 습관』, 럭스미디어, 2006
한국교육삼락회총연합회, 『21세기 자녀교육보감』, 2004
____________________, 『청소년의 신 도덕생활』, 2011
____________________, 『21세기 신 명심보감』, 2012
한국교총, 『인성교육 활성화를 위한 민간단체의 역할·기능 수행 방안』, 2013
한국영리더십센터, 『멋진 영리더를 위한 7가지 습관』, 청솔, 2006